W0262271

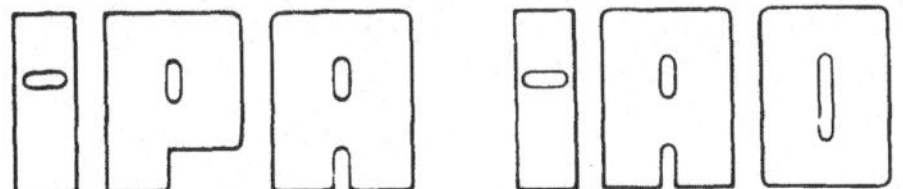

Forschung und Praxis

Band 147

Berichte aus dem
Fraunhofer-Institut für Produktionstechnik und Automatisierung (IPA), Stuttgart,
Fraunhofer-Institut für Arbeitswirtschaft und Organisation (IAO), Stuttgart, und
Institut für Industrielle Fertigung und Fabrikbetrieb der Universität Stuttgart

Herausgeber: H. J. Warnecke und H.-J. Bullinger

Gerhard Drunk

Sensor- und Steuerungssystem für die leitlinienlose Führung automatischer Flurförderzeuge

Mit 52 Abbildungen

Springer-Verlag
Berlin Heidelberg GmbH 1990

Dipl.-Ing. Gerhard Drunk
Fraunhofer-Institut fur Produktionstechnik und Automatisierung (IPA), Stuttgart

Prof. Dr.-Ing. Dr. h. c. Dr.-Ing. E.h H. J. Warnecke
o. Professor an der Universität Stuttgart
Fraunhofer-Institut für Produktionstechnik und Automatisierung (IPA), Stuttgart

Prof. Dr.-Ing. habil. H.-J. Bullinger
o. Professor an der Universität Stuttgart
Fraunhofer-Institut für Arbeitswirtschaft und Organisation (IAO), Stuttgart

D 93

ISBN 978-3-540-53033-6 ISBN 978-3-662-09859-2 (eBook)
DOI 10.1007/978-3-662-09859-2

Gesamtherstellung: Copydruck GmbH, Heimsheim
2362/3020—543210

Geleitwort der Herausgeber

Futuristische Bilder werden heute entworfen:

- o Roboter bauen Roboter,
- o Breitbandinformationssysteme transferieren riesige Datenmengen in Sekunden um die ganze Welt.

Von der "menschenleeren Fabrik" wird da gesprochen und vom "papierlosen Büro". Wörtlich genommen muß man beides als Utopie bezeichnen, aber der Entwicklungstrend geht sicher zur "automatischen Fertigung" und zum "rechnerunterstützten Büro". Forschung bedarf der Perspektive, Forschung benötigt aber auch die Rückkopplung zur Praxis - insbesondere im Bereich der Produktionstechnik und der Arbeitswissenschaft.

Für eine Industriegesellschaft hat die Produktionstechnik eine Schlüsselstellung. Mechanisierung und Automatisierung haben es uns in den letzten Jahren erlaubt, die Produktivität unserer Wirtschaft ständig zu verbessern. In der Vergangenheit stand dabei die Leistungssteigerung einzelner Maschinen und Verfahren im Vordergrund. Heute wissen wir, daß wir das Zusammenspiel der verschiedenen Unternehmensbereiche stärker beachten müssen. In der Fertigung selbst konzipieren wir flexible Fertigungssysteme, die viele verkettete Einzelmaschinen beinhalten. Dort, wo es Produkt und Produktionsprogramm zulassen, denken wir intensiv über die Verknüpfung von Konstruktion, Arbeitsvorbereitung, Fertigung und Qualitätskontrolle nach. Rechnerunterstützte Informationssysteme helfen dabei und sollen zum CIM (Computer Integrated Manufacturing) führen und CAD (Computer Aided Design) und CAM (Computer Aided Manufacturing) vereinen. Auch die Büroarbeit wird neu durchdacht und mit Hilfe vernetzter Computersysteme teilweise automatisiert und mit den anderen Unternehmensfunktionen verbunden. Information ist zu einem Produktionsfaktor geworden, und die Art und Weise, wie man damit umgeht, wird mit über den Unternehmenserfolg entscheiden.

Der Erfolg in unseren Unternehmen hängt auch in der Zukunft entscheidend von den dort arbeitenden Menschen ab. Rationalisierung und Automatisierung müssen deshalb im Zusammenhang mit Fragen der Arbeitsgestaltung betrieben werden, unter Berücksichtigung der Bedürfnisse der Mitarbeiter und unter Beachtung der erforderlichen Qualifikationen. Investitionen in Maschinen und Anlagen müssen deshalb in der Produktion wie im Büro durch Investitionen in die Qualifikation der Mitarbeiter begleitet werden. Bereits im Planungsstadium müssen Technik, Organisation und Soziales integrativ betrachtet und mit gleichrangigen Gestaltungszielen belegt werden.

Von wissenschaftlicher Seite muß dieses Bemühen durch die Entwicklung von Methoden und Vorgehensweisen zur systematischen Analyse und Verbesserung des Systems Produktionsbetrieb einschließlich der erforderlichen Dienstleistungsfunktionen unterstützt werden. Die Ingenieure sind hier gefordert, in enger Zusammenarbeit mit anderen Disziplinen, z. B. der Informatik, der Wirtschaftswissenschaften und der Arbeitswissenschaft, Lösungen zu erarbeiten, die den veränderten Randbedingungen Rechnung tragen.

Beispielhaft sei hier an den großen Bereich der Informationsverarbeitung im Betrieb erinnert, der von der Angebotserstellung über Konstruktion und Arbeitsvorbereitung, bis hin zur Fertigungssteuerung und Qualitätskontrolle reicht. Beim Materialfluß geht es um die richtige Auswahl und den Einsatz von Fördermitteln sowie Anordnung und Ausstattung von Lagern. Große Aufmerksamkeit wird in nächster Zukunft auch der weiteren Automatisierung der Handhabung von Werkstücken und Werkzeugen sowie der Montage von Produkten geschenkt werden.

Von der Forschung muß in diesem Zusammenhang ein Beitrag zum Einsatz fortschrittlicher intelligenter Computersysteme erfolgen. Planungsprozesse müssen durch Softwaresysteme unterstützt und Arbeitsbedingungen wissenschaftlich analysiert und neu gestaltet werden.

Die von den Herausgebern geleiteten Institute, das

- Institut für Industrielle Fertigung und Fabrikbetrieb der Universität Stuttgart (IFF),

- Fraunhofer-Institut für Produktionstechnik und Automatisierung (IPA),

- Fraunhofer-Institut für Arbeitswirtschaft und Organisation (IAO)

arbeiten in grundlegender und angewandter Forschung intensiv an den oben aufgezeigten Entwicklungen mit. Die Ausstattung der Labors und die Qualifikation der Mitarbeiter haben bereits in der Vergangenheit zu Forschungsergebnissen geführt, die für die Praxis von großem Wert waren. Zur Umsetzung gewonnener Erkenntnisse wird die Schriftenreihe "IPA-IAO - Forschung und Praxis" herausgegeben. Der vorliegende Band setzt diese Reihe fort. Eine Übersicht über bisher erschienene Titel wird am Schluß dieses Buches gegeben.

Dem Verfasser sei für die geleistete Arbeit gedankt, dem Springer-Verlag für die Aufnahme dieser Schriftenreihe in seine Angebotspalette und der Druckerei für saubere und zügige Ausführung. Möge das Buch von der Fachwelt gut aufgenommen werden.

H. J. Warnecke · H.-J. Bullinger

Vorwort

Die vorliegende Arbeit entstand während meiner Tätigkeit als wissenschaftlicher Mitarbeiter am Fraunhofer-Institut für Produktionstechnik und Automatisierung (IPA), Stuttgart.

Herrn Prof. Dr.-Ing. H.-J. Warnecke danke ich für die großzügige Unterstützung und Förderung, welche die Durchführung dieser Arbeit ermöglichte.

Herrn Prof. Dr.-Ing. G. Pritschow danke ich für die Übernahme des Korreferats sowie für die eingehende Durchsicht des Manuskripts.

Aus dem großen Kreis der Kollegen des Instituts, die mich bei der Durchführung dieser Arbeit unterstützt haben, möchte ich besonders Herrn Prof. Dr.-Ing. R.D. Schraft, der durch seine engagierte Fürsprache die Durchführung der praktischen Realisierung ermöglichte, die Herren Dr.-Ing. H. Gzik und Dr.-Ing. M. Schweizer, die mir mit vielen hilfreichen Hinweisen zur Seite gestanden haben, sowie Frau D. Dilmen, die mich bei der Manuskripterstellung, dem Layout und durch ihren praktischen Rat in vielfacher Weise unterstützt hat, erwähnen. Ihnen allen gilt mein herzlicher Dank.

Einen besonderen Dank richte ich an die Mitglieder des Teams, die gemeinsam mit mir den Versuchsträger IPAMAR aufgebaut haben. Die Herren N. Bissinger, P. Campoy, S. Forster, J. Hobsack, C. Hug, A. Langen, J. Luz, G. Meiler, J. Müllerschön, K. Neunteufel, J. Rentschler, A. Scherrmann und N. Vasiliadis haben mit ihrem beispiellosen Einsatz die theoretischen Ergebnisse der Forschungsarbeit für die Öffentlichkeit sichtbar gemacht.

Stuttgart, im Mai 1990 — Gerhard Drunk

Inhaltsverzeichnis

0 Abkürzungen und Formelzeichen

a	mm	Kurvenweite: Abstand der Kurvenendpunkte vom Schnittpunkt beider Bahnasymptoten
b	mm	Versatzbreite: seitlicher Abstand paralleler Bahnabschnitte
C	-	Orientierungsachse des Raumkoordinaten-Systems
C'	-	Orientierungsachse des Fahrzeugkoordinaten-Systems
C^{Sn}	-	Orientierungsachse des Sensorkoordinaten-Systems des Sensors n
CAD	-	Computer aided design
CMOS	-	Complementary metal-oxid-semiconductor
c	mm	Orientierungswert in Raumkoordinaten
c_i	mm	Istwert der Fahrzeugorientierung in Raumkoordinaten
c'	mm	Orientierungswert in Fahrzeugkoordinaten
c'_{Sn}	mm	Orientierungswert der Montageposition des Sensors n in Fahrzeugkoordinaten
c^{Sn}	mm	Orientierungswert in Sensorkoordinaten des Sensors n
d	mm	Verfahrdistanz: zurückgelegter Weg in Fahrtrichtung
EGA	-	Enhanced graphics adapter
FBP	-	Fahrzeug-Bezugspunkt: Ursprung des Fahrzeugkoordinaten-Systems
FTS	-	Fahrerloses Transportsystem
IPAMAR		IPA mobiler autonomer Roboter
k	-	Index für Umgebungssegmentnummer
k_{Lm}	DM	Kosten der Bodeninstallationen je lfd. m Fahrweg
l	mm	Achsabstand
l_A	m	Fahrkurslänge einer Transportanlage
MAR	-	Mobiler autonomer Roboter
m	-	Index für Mittelwerte
max	-	Index für Maximalwerte
n	-	Index für Sensornummer
n_F	-	Anzahl der Transportfahrzeuge einer Anlage
PSD	-	Position sensitive detector
RAM	-	Random access memory
RBP	-	Raum-Bezugspunkt: Ursprung des Raumkoordinaten-Systems
S	-	Fahrantriebsachse des Radkoordinaten-Systems
s	mm	Inkrementeller Abrollweg des Antriebsrades
$\dot{s}$	m/s	Umfangsgeschwindigkeit des Antriebsrades
T	s	Zeitkonstante für den Lenkwinkeleinschlag auf den Maximalwert
t	s	Zeit
t_a	s	Beschleunigungszeit von Anfangsgeschwindigkeit auf Bahngeschwindigkeit
t_b	s	Zeitdauer eines Bewegungssatzes bis zum Einleiten der Verzögerung auf Endgeschwindigkeit

t_e	s	Gesamtdauer eines Bewegungssatzes bis zum Erreichen der Endgeschwindigkeit
t_k	s	Zeitdauer einer Kurvenfahrt mit konstantem Lenkwinkeleinschlag
t_n	s	Zeitparameter der n-ten Rekursion für die Interpolationsberechnung
t_0	s	Startzeit der Fahrzeugbewegung
u	m	Meßabstände der Sensoren zur Umgebung
VBP	-	Vorderrad-Bezugspunkt: Ursprung des Radkoordinaten-Systems
VME	-	Versados module europe
v_b	m/s	Bahngeschwindigkeit bezogen auf das Antriebsrad
v_e	m/s	Endgeschwindigkeit eines Bewegungssatzes bezogen auf das Antriebsrad
v_R	m/s	Umfangsgeschwindigkeit des Antriebsrades
w	-	Häufigkeit
X	-	Erste kartesische Achse des Raumkoordinaten-Systems
X'	-	Erste kartesische Achse des Fahrzeugkoordinaten-Systems
X^{Sn}	-	Erste kartesische Achse des Sensorkoordinaten-Systems des Sensors n
x	mm	Positionswert auf der X-Achse in Raumkoordinaten
x_i	mm	Istwert der Fahrzeugposition auf der X-Achse in Raumkoordinaten
x'	mm	Positionswert auf der X'-Achse in Fahrzeugkoordinaten
x'_{Sn}	mm	Montageposition des Sensors n auf der X'-Achse in Fahrzeugkoordinaten
x^{Sn}	mm	Positionswert auf der X^{Sn}-Achse in Sensorkoordinaten des Sensors n
Y	-	Zweite kartesische Achse des Raumkoordinaten-Systems
Y'	-	Zweite kartesische Achse des Fahrzeugkoordinaten-Systems
Y^{Sn}	-	Zweite kartesische Achse des Sensorkoordinaten-Systems des Sensors n
y	mm	Positionswert auf der Y-Achse in Raumkoordinaten
y_i	mm	Istwert der Fahrzeugposition auf der Y-Achse in Raumkoordinaten
y'	mm	Positionswert auf der Y'-Achse in Fahrzeugkoordinaten
y'_{Sn}	mm	Montageposition des Sensors n auf der Y'-Achse in Fahrzeugkoordinaten
y^{Sn}	mm	Positionswert auf der Y^{Sn}-Achse in Sensorkoordinaten des Sensors n
α	-	Lenkachse des Radkoordinaten-Systems
α	°	Lenkwinkelwert in Radkoordinaten
α_{max}	°	Maximaler Lenkwinkeleinschlag bei Kurvenfahrt
γ	°	Fahrtrichtungsänderung durch eine Kurve
Δc	°	Orientierungsabweichung vom Mittelwert mehrerer Meßfahrten in Raumkoordinat
$\Delta c'$	°	Von der Sensorik zur Umgebungserkennung gemessene Abweichung des c'-Wertes von der Sollorientierung in Fahrzeugkoordinaten
Δt	ms	Zykluszeit der Interpolation
Δx	mm	Positionsabweichung der x-Koordinate vom Mittelwert mehrerer Meßfahrten in Raumkoordinaten
$\Delta x'$	mm	Von der Sensorik zur Umgebungserkennung gemessene Abweichung des x'-Wertes von der Sollposition in Fahrzeugkoordinaten
Δy	mm	Positionsabweichung der y-Koordinate vom Mittelwert mehrerer Meßfahrten in Raumkoordinaten
$\Delta y'$	mm	Von der Sensorik zur Umgebungserkennung gemessene Abweichung des y'-Wertes von der Sollposition in Fahrzeugkoordinaten

1 Einleitung

1.1 Problemstellung

Die gegenwärtige Situation der Produktion ist gekennzeichnet durch eine in vielen Bereichen an Wachstumsgrenzen stoßende Nachfrage, die mit immer weniger Aufwand zu befriedigen ist. Speziell für die Bundesrepublik Deutschland führen hohe Lohn- und Lohnnebenkosten bei gleichzeitiger Globalisierung der Produktion zu einem verstärkten Wettbewerbsdruck. Parallel dazu verlangt die schwindende Konstanz und Vorhersagbarkeit der Entwicklungen in der Produktionsumwelt von den Unternehmen kurze Reaktionszeiten auf eingetretene oder erwartete Änderungen /1/. Hieraus läßt sich direkt die Notwendigkeit von Automatisierung einerseits und Flexibilisierung andererseits ableiten.

Konsequent spiegeln sich die beiden Forderungen nach Automatisierung und Flexibilisierung in den Entwicklungszielen für unterschiedliche Teilbereiche der Produktion wieder. Für den Bereich der Handhabungstechnik konnten mit der Entwicklung von Industrierobotern /2/ beide Zielsetzungen erfüllt werden. Betrachtet man dagegen den Bereich des innnerbetrieblichen Transports mit Flurförderzeugen, so kann zwar von der Möglichkeit zur Automatisierung, weniger jedoch von einer gleichzeitigen Flexibilität ausgegangen werden. Automatisierungslösungen stehen als fahrerlose Transportfahrzeuge (FTS) seit den 50er Jahren zur Verfügung und verkörpern mit dem induktiven Führungsprinzip den Stand der Technik /3/4/5/. Diese Technologie wurde ursprünglich in den USA entwickelt, hat aber zwischenzeitlich einen Schwerpunkt bei Herstellung und Anwendung in Europa gefunden.

Eine wirkliche Flexibilität bietet das Prinzip der induktiven Leitdrahtführung jedoch nicht, da Fahrkursänderungen vom Hersteller durchzuführende Hardwarearbeiten an den Bodeninstallationen sowie Software-Entwicklungsarbeiten voraussetzen. Zu den erheblichen Änderungskosten kommen erschwerend Störungen der laufenden Produktion durch die Änderungsarbeiten und die Wiederinbetriebnahme hinzu. Als Zwischenschritt zur Verbesserung der Flexibilität wurden Führungssysteme mit klebbaren oder aufsprühbaren Leitlinien entwikkelt. Dem Vorteil einer vereinfachten Leitlinienmontage steht vorzeitiger Verschleiß aufgrund mechanischer Beschädigung als Nachteil gegenüber.

Der Ansatz, eine vollständige Flexibilität durch den Einsatz intelligenter, mit Hilfe von Sensoren die Umgebung erkennender und frei navigierender Fahrzeuge zu erreichen, entspricht in der Forschung der Thematik der mobilen autonomen Roboter. Seit Ende der 60er Jahre hat sich diese flexible Automatisierung der Bewegung von Fahrzeugen zunächst in den USA, später in Japan sowie Frankreich und in der Zwischenzeit weltweit zu einem eigenständigen Zweig der Robotertechnik entwickelt. Trotz zahlreicher grundlagenorientierter Projekte, in denen vielfach auch Experimentalfahrzeuge realisiert wurden /6/7/8/, konnte bisher keine überzeugende und praktisch umsetzbare Lösung gefunden werden /9/. Die Grenzen dieser Konzepte sind durch extremen Rechenzeitbedarf, Einschränkungen auf künstliche Umgebungen wie Bauklötzchenwelten sowie durch die Höhe des Kostenaufwands für die eingesetzten Sensor- und Rechnerkomponenten geprägt.

1.2 Zielsetzung

Ziel dieser Arbeit ist die Entwicklung eines leitlinienlosen Führungskonzepts für Flurförderzeuge unter Sicherstellung der technischen Machbarkeit, der Einsatztauglichkeit für reale Fertigungsumgebungen und der wirtschaftlichen Realisierbarkeit. Das der Fahrzeugführung zugrundeliegende Sensor- und Steuerungssystem soll dabei ohne Einsatz jeglicher in der Umgebung zu installierender und damit die Flexibilität einschränkender Positionsbestimmungshilfen wie Leitlinien, Erkennungsmarken oder Peilsendern eine freie Navigation gewährleisten.

Als Voraussetzung für die Konzeptentwicklung sollen die Grundlagen für eine systematische Einordnung der Thematik der mobilen autonomen Roboter geschaffen werden. Dazu gehören eine Präzisierung der Begriffsbildung und der Einteilung in Teilsysteme, eine Systematik der Navigationsverfahren und Sensorprinzipien sowie eine Analyse der möglichen funktionalen Bestandteile der Sensor- und Steuerungsausrüstung mobiler autonomer Roboter. Diese Gliederungssystematiken sollen gleichzeitig als Ausgangsbasis und Grundlage für Forschungsarbeiten auf diesem neuen Gebiet dienen.

1.3 Vorgehensweise

Die Entwicklung des Sensor- und Steuerungskonzepts erfolgt nach dem Prinzip von Analyse und Synthese. Zuvor werden als Ausgangsbasis Begriffsdefinitionen und Einordnungssystematiken erarbeitet sowie der Stand der Technik beschrieben. Die Festlegung des angestrebten Einsatzbereiches und der anwendungstechnischen Lastenheftanforderungen definiert den Maßstab für die Bewertung von Lösungsvarianten.

Auf der Basis von ca. 300 bekannten Projekten weltweit werden die sensorischen und steuerungstechnischen Funktionsblöcke analysiert, welche mobile autonome Roboter für ihre Aufgabenerfüllung benötigen oder die optional realisiert sein können. Die Detaillierung der Analyse erfolgt durch mehrstufiges Zerlegen des Gesamtsystems bis zu Funktionseinheiten, deren Umfang überschaubar ist und deren Realisierbarkeit, gemessen an den Lastenheftanforderungen sowie dem Stand der Technik, bewertet werden kann. Zusätzlich werden die bekannten sowie die darüber hinaus denkbaren Lösungsansätze für die einzelnen Funktionseinheiten zusammengestellt.

Für die Synthese zu einer neuen Sensor- und Steuerungsarchitektur werden zuerst die entsprechend Lastenheftanforderungen notwendigen Funktionen ausgewählt und in Schwierigkeitsstufen der technischen Lösbarkeit eingeteilt. Anschließend werden für die bisher ungelösten Einzelfunktionen neue Lösungskonzepte entwickelt sowie für die anderen Funktionseinheiten hinsichtlich der Lastenheftanforderungen optimale Lösungsvarianten ausgewählt. Danach wird die optimale Struktur für die Anordnung der Funktionseinheiten untereinander bestimmt. Eine Beschreibung der mathematischen Algorithmen für die zentralen Detailfunktionen schließt sich an. Zum Nachweis von Umsetzbarkeit sowie Funktion des Konzepts wird ein Versuchsträgerfahrzeug aufgebaut und die Struktur implementiert. Die Ergebnisse von Einsatzdemonstration und Erprobung werden abschließend dargestellt.

2 Ausgangssituation und Anforderungen

2.1 Begriffe und Definitionen

Sowohl frei verfahrbare Flurförderzeuge als auch mobile autonome Roboter sind Gegenstand aktueller Forschungs- und Entwicklungsgebiete, zu denen kaum allgemeingültige Begriffsdefinitionen vorliegen. Viele der nachfolgenden Einordnungen und Begriffsbildungen sind daher neu aufgestellt und dienen als Definitions-Vorschläge sowie als Arbeitsbegriffe für die weiteren Ausführungen.

2.1.1 Automatische Flurförderzeuge

Der Vorgang des Transportierens beinhaltet als Teilfunktion des Materialflusses entsprechend /10/ jede bewußte Ortsveränderung von Gütern und Personen zwischen einzelnen Bearbeitungsstufen und Lagerungen. Für die dazu eingesetzten Fördermittel ist eine grobe Unterteilung in Hebezeuge, Stetigförderer und Flurförderzeuge üblich. Eine andere Einteilung unter Berücksichtigung der speziellen Belange der Fabrikplanung ist in /11/ beschrieben. Es wird hier besser der Tatsache Rechnung getragen, daß Flurförderzeuge bei der Auswahl eines Transportsystems im Wettbewerb zu Lösungen mit flurgebundenen und flurfreien Stetigförderern sowie mit Standschienen- und Einschienenhängebahnen oder sogar Rohrpostanlagen stehen.

Eine detaillierte Definition und Klassifizierung von Flurförderzeugen enthält /12/. Demnach sind Flurförderzeuge auf dem Boden, nicht auf Schienen fahrende Fördermittel, die dem innerbetrieblichen Transport oder dem innerbetrieblichen Transport und dem Handhaben von Lasten dienen. Nicht zu den Flurförderzeugen gehören Unterflur-Schleppkettenförderer, schienengebundene Fördermittel, regalabhängige Regalförderzeuge sowie am Straßenverkehr teilnehmende Fahrzeuge.

Grundsätzlich sind alle in /12/ beschriebenen Typen von Flurförderzeugen für einen automatischen Betrieb denkbar. Voraussetzung ist allerdings ein in der

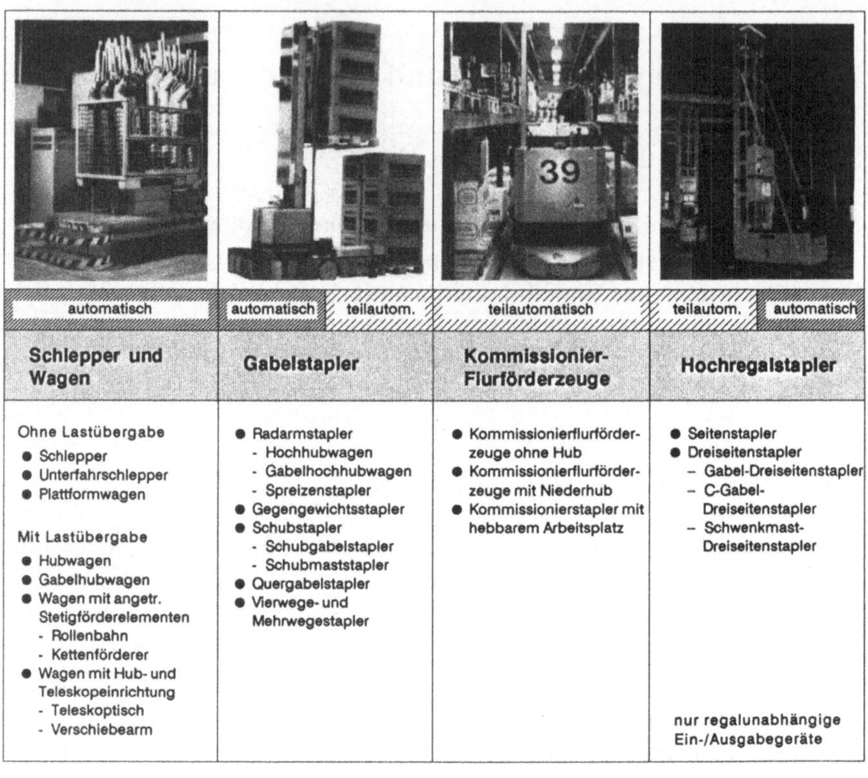

automatisch
automatisch
teilautom.
teilautomatisch
teilautom.
automatisch
Schlepper und Wagen
Gabelstapler
Kommissionier-Flurförderzeuge
Hochregalstapler
Ohne Lastübergabe
● Schlepper
● Unterfahrschlepper
● Plattformwagen
Mit Lastübergabe
● Hubwagen
● Gabelhubwagen
● Wagen mit angetr. Stetigförderelementen
- Rollenbahn
- Kettenförderer
● Wagen mit Hub- und Teleskopeinrichtung
- Teleskoptisch
- Verschiebearm
● Radarmstapler
- Hochhubwagen
- Gabelhochhubwagen
- Spreizenstapler
● Gegengewichtsstapler
● Schubstapler
- Schubgabelstapler
- Schubmaststapler
● Quergabelstapler
● Vierwege- und Mehrwegestapler
● Kommissionierflurförderzeuge ohne Hub
● Kommissionierflurförderzeuge mit Niederhub
● Kommissionierstapler mit hebbarem Arbeitsplatz
● Seitenstapler
● Dreiseitenstapler
– Gabel-Dreiseitenstapler
– C-Gabel-Dreiseitenstapler
– Schwenkmast-Dreiseitenstapler
nur regalunabhängige Ein-/Ausgabegeräte

Abb. 2–1: ***Übersicht zu den für eine Automatisierung oder Teilautomatisierung relevanten Flurförderzeugen***

Regel elektrisch kraftbetriebener Fahr- und Hubantrieb, wogegen ein Fahrerplatz entfallen kann. Zusätzlich ist für eine vollständige Automatisierung von Transportvorgängen auch eine automatische Lastübergabe durch das Flurförderzeug sinnvoll. Neben einer kompletten Automatisierung kommen auch Teilautomatisierungslösungen in Frage, bei denen ein Fahrer durch automatisierte Unterfunktionen von Routinetätigkeiten entlastet wird.

Die meisten dieser seit ca. 30 Jahren als fahrerlose Transportsysteme (FTS) bekannten automatischen Flurförderzeuge sind Schlepper oder Wagen mit einer

Lastübergabeeinrichtung. Stapler werden bisher in FTS-Anlagen nur selten eingesetzt. Dagegen gibt es Entwicklungsarbeiten, Gabelstapler zur Entlastung des Fahrers teilzuautomatisieren /13/. Auf längeren, häufig befahrenen Verbindungswegen wird das Fahrzeug zu diesem Zweck automatisch geführt. Allgemein werden Gabelstapler in Bereichen mit sehr hohen Flexibilitätsanforderungen eingesetzt, wo eine vollständige Automatisierung nur in wenigen Fällen sinnvoll erscheint.

Die Motivation für ein automatisiertes Fahren in Regalgassen liegt in dem Wunsch nach Fahren mit hoher Geschwindigkeit bei gleichzeitig durch die engen Regalgassen erforderlicher hoher Genauigkeit, womit ein Fahrer auf Dauer überlastet ist /14/. Durch den Einsatz von Flurförderzeugen anstelle von regalabhängigen Regalförderzeugen wird gleichzeitig eine höhere Flexibilität ermöglicht. Diese gilt insbesondere für den Bereich des Komissionierens.

Der Anwendungsbereich automatischer Flurförderzeuge (Abb. 2-1) wird für die nachstehenden Betrachtungen auf den Materialfluß 2. und 3. Ordnung entsprechend /10/ festgelegt. Weiterhin soll von einem annähernd ebenen Bewegungsraum ausgegangen werden, d.h. geländegängige Flurförderzeuge werden nicht betrachtet. Dagegen finden leichte Steigungen in Form von flachen Rampen sowie Aufzugsfahrten Berücksichtigung.

2.1.2 Prinzipien der Positionsbestimmung von Fahrzeugen

Die Positionsbestimmung der Fahrzeuge bildet einen Kernpunkt bei der Automatisierung von Flurförderzeugen. Eng mit der Positionsbestimmung verbunden ist der Soll-Istwertvergleich bei der Bahnführung. Die Thematik von Positionsbestimmung und Bahnführung wird unter dem Begriff Navigation zusammengefaßt. Neben der konventionellen Leitlinientechnik existieren eine Reihe weiterer Verfahren, die in Forschungsprojekten auf dem Gebiet der mobilen autonomen Roboter untersucht wurden und in /15/ näher erläutert sind.

Den externen Navigationsverfahren der Kategorien I,II und III (siehe Abb. 2-2) ist gemeinsam, daß stationäre Einrichtungen in Form von fest verlegten Leitlinien, fest installierten Erkennungsmarken oder Peilsendern benötigt werden.

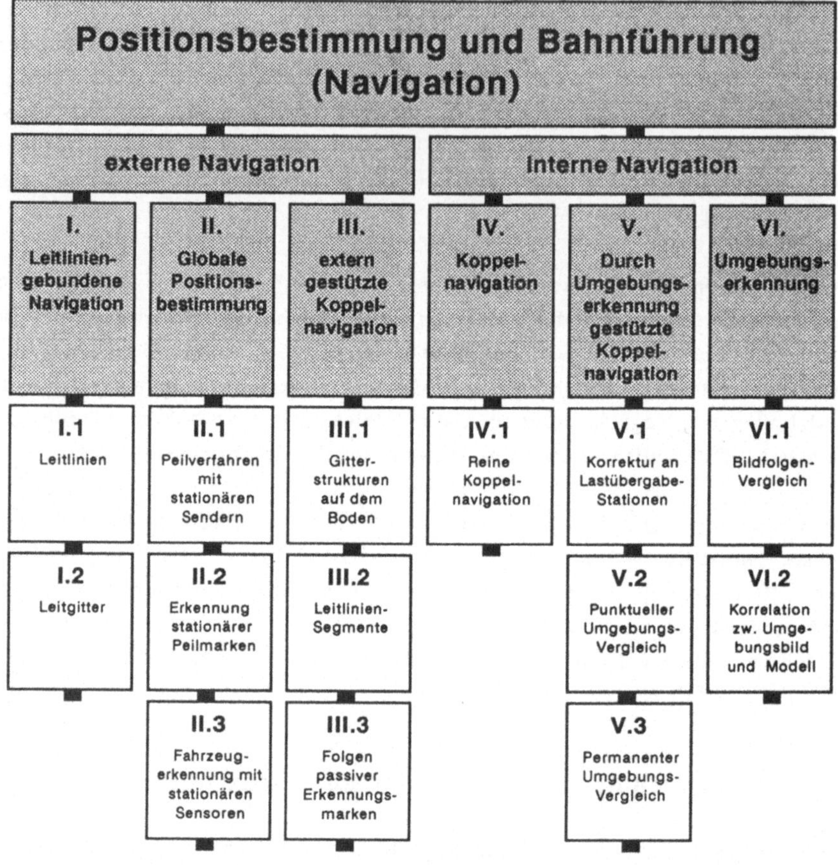

Abb. 2-2: ***Einteilung und Kennziffern der möglichen Verfahren zur Positionsbestimmung und Bahnführung von Fahrzeugen***

Unter der Kategorie Koppelnavigation werden Verfahren der Positionsbestimmung aus der Aufintegration inkrementeller Lageänderungen, von Geschwindigkeits- oder Beschleunigungsverläufen eines Fahrzeugs zusammengefaßt. Normalerweise wird die Koppelnavigation nicht allein, sondern in der Kombination mit anderen Sensoren, die eine absolute Stützung zwischen Fahrzeug und Umgebung durchführen, eingesetzt. Erfolgt die Stützpunktmessung gegenüber flächen-, linien- oder punktförmigen passiven Marken, die als Navigationshilfen in der Umgebung installiert werden, liegt eine extern gestützte Koppelnavigation vor. Dagegen handelt es sich um eine durch Umgebungserkennung gestützte Koppelnavigation, wenn sich die Stützpunktmessung auf die nicht weiter vorbereitete Umgebungsstruktur selbst bezieht.

Aufgrund der Zielsetzung werden im Folgenden nur noch die internen Navigationsverfahren, die ohne eine Installationen von Navigationshilfen auskommen, betrachtet.

2.1.3 Mobile autonome Roboter

Im Bereich der Robotertechnik existieren in Europa, den USA und Japan jeweils eindeutige Begriffsdefinitionen für Industrieroboter, die sich unabhängig voneinander alle auf stationäre Armkonstruktionen zur Handhabung von Werkstücken und Werkzeugen beziehen. Mit den mobilen autonomen Robotern nimmt eine weitere Gruppe von Automaten in der Umgangssprache von Forschung und Industrie den Namen Roboter in Anspruch, ohne daß eine eindeutige Definition vorliegt und ohne daß bei diesen Geräten, die anschaulich als automatische Fahrzeuge bezeichnet werden könnten, überhaupt ein Handhabungsarm vorhanden sein muß. Der nachfolgende Definitionsvorschlag für eine neue Kategorie von Robotern entspricht dem Bedarf nach einer abstrahierenden und präzisierenden Begriffsbildung für die sich herausbildende Gerätegruppe. Zwar liegt die Kombination beider Roboterarten als Handhabungsarm plus Bewegungsplattform nahe, doch soll vor der Festlegung einer universellen Roboter-Definition der Schwerpunkt auf eine klare Begriffsbildung für beide Einzeltypen unter Beibehaltung der bestehenden Definition für Industrieroboter gelegt werden.

2.1.3.1 Erweiterter Roboterbegriff

In /16/ wird der Industrieroboter als "universell einsetzbarer Bewegungsautomat mit mehreren Achsen ..." definiert, wobei sich der Bewegungsautomat auf eine einseitig stationär befestigte kinematische Kette mit einem bewegten Endeffektor für Handhabungsaufgaben bezieht. Der Maschinenbezugspunkt ist dabei bezüglich des umgebenden Raumes feststehend.

Bei mobilen autonomen Robotern handelt es sich ebenfalls um Bewegungsautomaten mit mehreren Achsen. Kennzeichnend ist jedoch, daß hier der Automat selbst bewegt wird mit einem gegenüber dem umgebenden Raum beweglichen Maschinenbezugspunkt. Der Roboter soll in diesem Zusammenhang also als Bewegungsautomat in Form einer Fahrzeugplattform verstanden werden. Zusätzlich können auf der Plattform neben einem Handhabungsarm auch Arbeitsmaschinen, Lastübergabeeinrichtungen oder anwendungsspezifische Sensoren als Nutzlast mitgeführt werden.

2.1.3.2 Begriff der Mobilität

Mobilität im Sinne der freien Verfahrbarkeit mit mehreren Freiheitsgraden innerhalb des Bewegungsraumes setzt voraus, daß der Roboter weder auf Schienen jeglicher Art zwangsgeführt noch auf Leitlinien jeglicher Art zwangsgelenkt ist. Auch ein Verfahren durch Bewegungsachsen soll ausgeschlossen werden, da es sich hier der Natur nach eher um einen Industrieroboter mit wiederum ortsfesten Zusatzachsen handelt.

Als Bewegungsmedium kommt neben einer ebenen oder unebenen Erdoberfläche auch Wasser, Luft oder der Weltraum sowie die Wasseroberfläche und der Meeresgrund in Frage. Theoretisch könnte sich eine Bewegungsplattform auch im Erdreich fortbewegen. Wegen der eingeschränkten Freiheitsgrade sollen spezielle Bewegungsräume wie z.B. Rohrleitungen und Kanäle von der Betrachtung ausgeschlossen werden.

2.1.3.3 Begriff der Autonomie bei Fortbewegungseinrichtungen

Autonomie kann in zweierlei Hinsicht, nämlich bezüglich der Unabhängigkeit von stationären Versorgungs- und Steuerungseinrichtungen als auch hinsichtlich der Fähigkeit zu eigenen Schlußfolgerungen und Entscheidungen der

Steuerung betrachtet werden. Die nachstehende Abgrenzung enthält beide Aspekte. Als Maßstab der Abgrenzung soll analog zu den Industrierobotern die universelle Einsatzbarkeit und freie, rein softwaremäßig und ohne mechanischen Eingriff durchführbare Programmierbarkeit in Form der Bewegungsfähigkeit zu beliebigen Zielpunkten im Bewegungsraum zugrundegelegt werden.

Die Unabhängigkeit von stationären Einrichtungen bezieht sich insbesondere auf Energieversorgung, Kommunikation mit dem Bediener und die Funktionsausführung der Bewegungssteuerung. Im Sinne einer größtmöglichen Flexibilität sollte ein autonomes System zumindest zeitweise rein bordgestützt operieren können, das heißt ohne Verbindung durch Kabel, Schienen oder Richtstrahlen. Ein eventuell vorhandener stationärer Leitrechner dient dann lediglich zur Bedienung, zur Vorgabe von Aufträgen und Bewegungsprogrammen sowie zur Vorgabe von a priori Wissen über die Einsatzumgebung.

Hinsichtlich der Fähigkeit zu eigenen Schlußfolgerungen und Entscheidungen bilden angesichts des fehlenden Formschlusses zwischen mobilem Roboter und umgebendem Raum Positionsermittlung und Routenwahl die zentralen technischen Grundfunktionen. Zur Gewährleistung der freien Programmierbarkeit und universellen Einsatzbarkeit auch in unvorbereiteter oder sogar unbekannter Umgebung soll an ein autonomes System die Anforderung einer wiederum bordgestützen also internen Navigation ohne Verwendung stationärer Marken oder Peileinrichtungen gestellt werden. Die Stützung einer driftbehafteten Koppelnavigation durch den Vergleich von Sensorinformationen mit vorhandenem Umgebungsmodellwissen wird damit zum entscheidenden technischen Kennzeichen.

Als zusätzliche Funktionen können die Fähigkeit zum selbsttätigen Einlernen unbekannter Umgebungen, die Fähigkeit zur Kollisionsvermeidung bei Auftreten unbekannter Hindernisse, die Behandlung von Toleranzen als unvermeidliche Unsicherheiten des Umgebungsmodells sowie die Fähigkeit zur selbständigen Erzeugung von Programmsequenzen zur Durchführung abstrakt gestellter Aufgaben vorhanden sein. Einige Wissenschaftler schließen einzelne dieser zusätzlichen Intelligenz-Funktionen in ihr Verständnis von Autonomie mit ein /17/18/19/20/. Sie sollen jedoch im Sinne der Beschränkung auf die Grundproblematik hier nur als wünschenswert eingestuft werden, da sie für die

Erfüllung frei programmierbarer Bewegungsaufgaben nicht zwingend erforderlich sind.

2.1.3.4 Vorschlag einer Definition

Aus der Zusammenfassung der vorstehenden Begriffseingrenzungen ergibt sich der folgende Definitionsvorschlag für mobile autonome Roboter, der in den weiteren Ausführungen als Arbeitsbegriff Verwendung findet:

> Mobile autonome Roboter sind universell einsetzbare, frei programmierbare und zumindest zeitweise von stationären Versorgungs- und Steuerungseinrichtungen unabhängige Fortbewegungsautomaten, die ohne mechanische Führung in mehreren Freiheitsgraden ortsveränderlich sind. Positionsbestimmung und Bahnführung erfolgen ausschließlich aufgrund interner Bewegungsgrößen sowie sensorischer Umgebungserkennung in Verbindung mit eingelerntem Umgebungswissen und ohne Verwendung stationär installierter aktiver oder passiver Navigationshilfen. Sie sind mit Lastübergabeeinrichtungen, Handhabungsarmen, Arbeitsmaschinen, anwendungsspezifischen Sensoren oder anderen Nutzlasten ausrüstbar und können mit Fähigkeiten zum selbstätigen Einlernen der Umgebung, zur Bewältigung lokaler Modell-Unsicherheiten und zur Aufgabendekomposition in Steuersequenzen ausgestattet sein.

2.1.4 Teilsysteme mobiler autonomer Roboter

In Übereinstimmung mit obiger Definition läßt sich eine Grobunterteilung in 8 Teilsysteme vornehmen (Abb. 2-3). Mensch-Maschine-Schnittstelle, Steuerungssystem, Sensorsystem und Fahrzeug-Plattform bilden die unbedingt erforderliche Grundausstattung. Anwendungsspezifisch können einzelne oder mehrere weitere Teilsysteme hinzukommen, sind jedoch unmittelbar für die Funktion nicht notwendig.

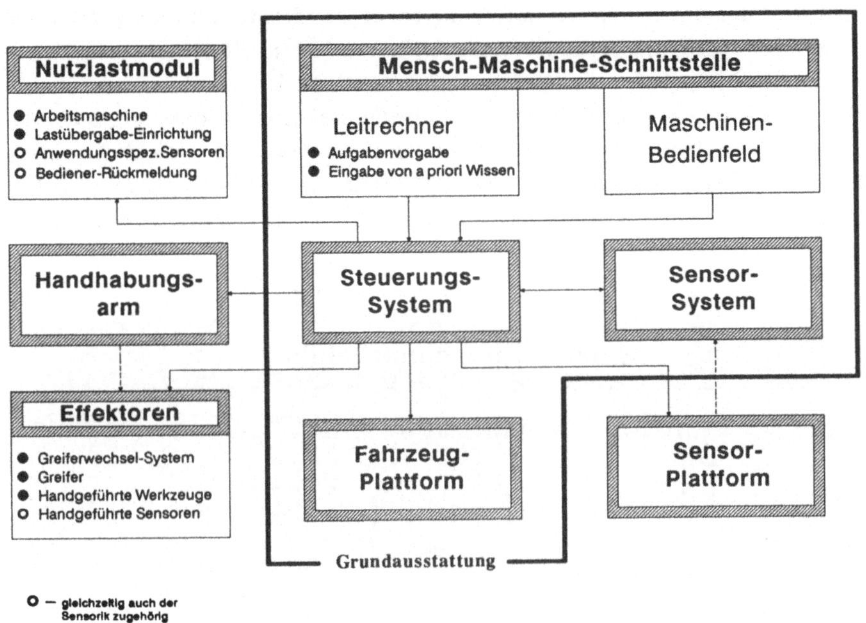

Abb. 2–3: Teilsysteme von mobilen autonomen Robotern

2.2 Stand der Technik

2.2.1 Leitliniengebundene Führungssysteme für Flurförderzeuge

Der gegenwärtige Stand der Technik ist geprägt durch den Einsatz aktiver, mit Wechselstrom beaufschlagter und im Hallenboden verlegter induktiver Leitdrähte. Derartige Systeme befinden sich seit Mitte der 50er Jahre, zunächst in den USA, im Einsatz /3/ und sind in der Zwischenzeit weit verbreitet.

Fahrkursänderungen sind im Prinzip durch den Anlagenhersteller möglich. Dazu wird der Boden für die Verlegung neuer Leitdrähte, Zuleitungen zu den Trägerfrequenzgeneratoren, Kommunikationsschleifen, Blockstreckenkennungen und Bodenmagneten aufgefräst. Die neuen Bodeninstallationen sind an lokale Steuerungen anzuschließen, und für die Steuerungsanpassung sind anlagenspezifische Software-Entwicklungen durchzuführen. Im Anschluß müssen Hardware-Installationen und die neuentwickelten Steuer-Programme ausgetestet sowie eine Neuinbetriebnahme durchgeführt werden. Neben den hohen En-

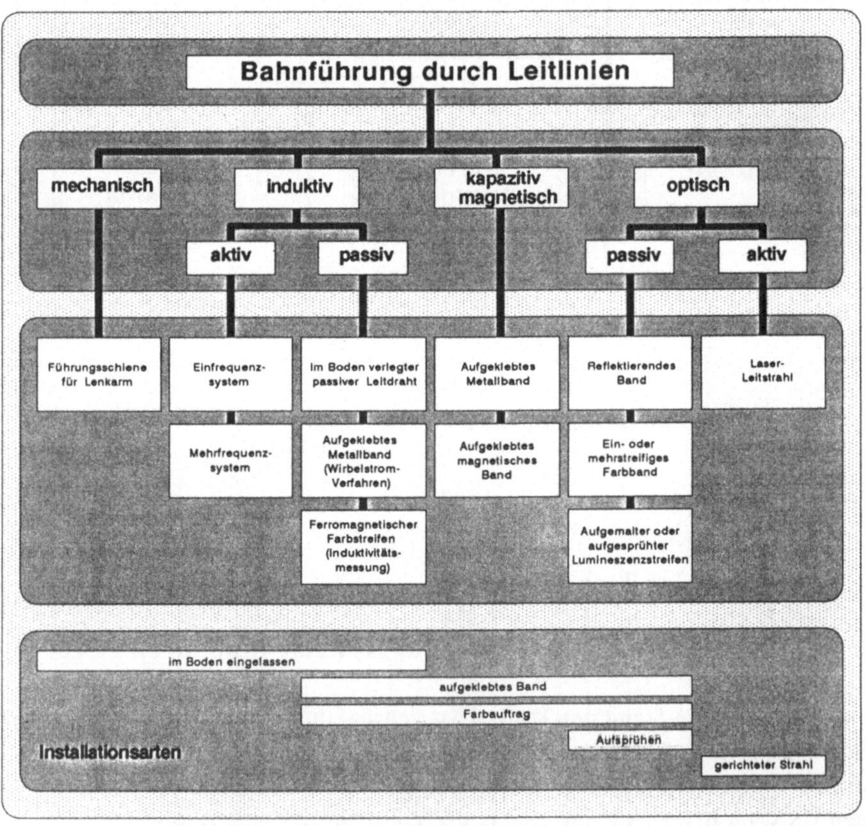

Abb. 2–4: ***Realisierte Verfahren und Installationsarten der leitliniengebundenen Fahrzeugnavigation (Kategorie I.1)***

gineering-Kosten muß eine empfindliche Störung der laufenden Produktion in Kauf genommen werden, da während der Verlege-, Test- und Inbetriebnahmearbeiten die Transportwege eingeschränkt sind und die offen liegenden Leitdrähte bis zum Abschluß der Testarbeiten vor Schmutz und Feuchtigkeit geschützt werden müssen.

Einsatzgrenzen findet das induktive Verfahren zusätzlich bei ungünstigen Bodenverhältnissen, wie zum Beispiel bei knapp unter dem Hallenboden verlaufenden Metallarmierungen.

Die meisten Hersteller von FTS-Fahrzeugen können in der Zwischenzeit bei ihren Fahrzeugen ein kurzzeitiges Verlassen der Leitdrähte in Kurven, bei kurzen Leitdraht-Unterbrechungen und zum Anfahren von Lastübergabestationen anbieten. Die in diesen Fällen meistens durch tabellierte Steuerparameter durchgeführte Kurvenfahrt ermöglicht ein vereinfachtes rechtwinkliges Verlegen der Leitdrähte. Beim Anfahren von Lastübergabestationen ohne Leitdraht sind Zuverlässigkeit und Wiederholgenauigkeit, insbesondere bei größeren Freifahrtdistanzen noch kritische Größen.

Eine Weiterentwicklung zu mehr Flexibilität stellen Verfahren mit aufgeklebten, aufgemalten oder aufgesprühten Leitlinien nach unterschiedlichen physikalischen Prinzipien entsprechend Abb. 2-4 dar. Die in /15/ im Detail erläuterten Verfahren bieten deutliche Vorteile hinsichtlich des Umfangs der für eine Fahrkurs-Änderung durchzuführenden Hardware-Arbeiten, es bleibt jedoch das Problem der Flexibilität der Software. Nachteilig ist die Empfindlichkeit der auf dem Hallenboden aufgebrachten Leitlinien gegenüber mechanischer Beschädigung.

2.2.2 Fortgeschrittene Führungssysteme für Flurförderzeuge

Neben den leitliniengebundenen Systemen wird seit etwa 5 Jahren an der Entwicklung fortgeschrittener Führungssysteme nach den meisten der in Abb. 2-2 dargestellten Verfahren gearbeitet. Das Fraunhofer-Institut ITW hat ein kombiniertes System eines vorwiegend auf Leitlinien fahrenden und zusätzlich in schwierigen Bereichen im Sichtbereich einer stationären Kamera leitlinienlos fahrenden Fahrzeugs entwickelt /21/. Die Positionserkennung erfolgt über drei Leuchtmarken an der Oberseite des Fahrzeugs. Optische oder metallische Grenzlinien von Bodenplatten benutzt das Führungssystem der Firma industrial contractors holland (ich) /22/ für die absolute Nachführung der Fahrzeug-Positionsschätzung. Das System von Schenck stützt sich mit Hilfe von Grauwert-Bildverarbeitung an den seitlichen Fahrwegbegrenzungslinien. Für Korrekturen in Längsrichtung werden Barcodes auf den Boden angebracht /23/. Als Folgen von passiven Erkennungsmarken entlang des Fahrweges benutzt CFC optische polarisierende Marken an den Wänden, Caterpillar Barcodes an den Wänden /24/ und Komatsu reflektierende Glasperlen-Marken auf dem Boden /25/. Alle genannten Systeme benötigen für Positionsbestimmung und Navigation immer noch einen Restaufwand an stationären Einrichtungen, die in ihrem Bezug zur Fahrbahn eingemessen werden müssen.

Mit einer Koppelnavigation über die Rad- und Lenkwinkelauswertung sowie Stützung an den Lastübergabestationen navigiert eine Entwicklung des ISW der Universität Stuttgart /9/. Eine zusätzliche interne Positionsbestimmung über Kreiselsensoren findet bei dem inzwischen eingestellten internen Projekt von Mitsubishi Electric /26/ und bei FMS /27/ Verwendung. Midi Robot /28/ stützt die Koppelnavigation, welche über die Auswertung von 2 Radumdrehungsmessungen erfolgt, wahlweise an den Lastübergabestationen oder über ein globales Positionsbestimmungs-System auf Mikrowellenbasis. Die Stützung der Koppelnavigation lediglich an den Lastübergabestationen kann in Anlagen mit einem sehr kurzen Abstand zwischen den anzufahrenden Lastübergabestationen, wie es zum Beispiel auf Anwendungen im Reinraum zutrifft, eingesetzt werden. Der Überbrückung größerer Distanzen sind durch Unebenheiten und Verschmutzungen der Hallenböden sowie durch die hohen Kosten für erforderliche Inertialsensoren Grenzen gesetzt.

Den Zielvorstellungen eines universell einsetzbaren leitlinienlosen Führungssystems am nächsten kommen folgende 3 Entwicklungen. Versuchsträgerfahrzeuge der TU Berlin /29/ und von Shinko Electric /30/ werden abschnittsweise mit abstandsmessenden Ultraschallsensoren entlang paralleler Wände geführt. Die Stützung an den Wänden erfolgt kontinuierlich und darf nur kurzzeitig für Kurvenfahrten und bei komplex strukturierten Problemzonen unterbrochen werden. Die Einsatzmöglichkeiten dieser Systeme finden

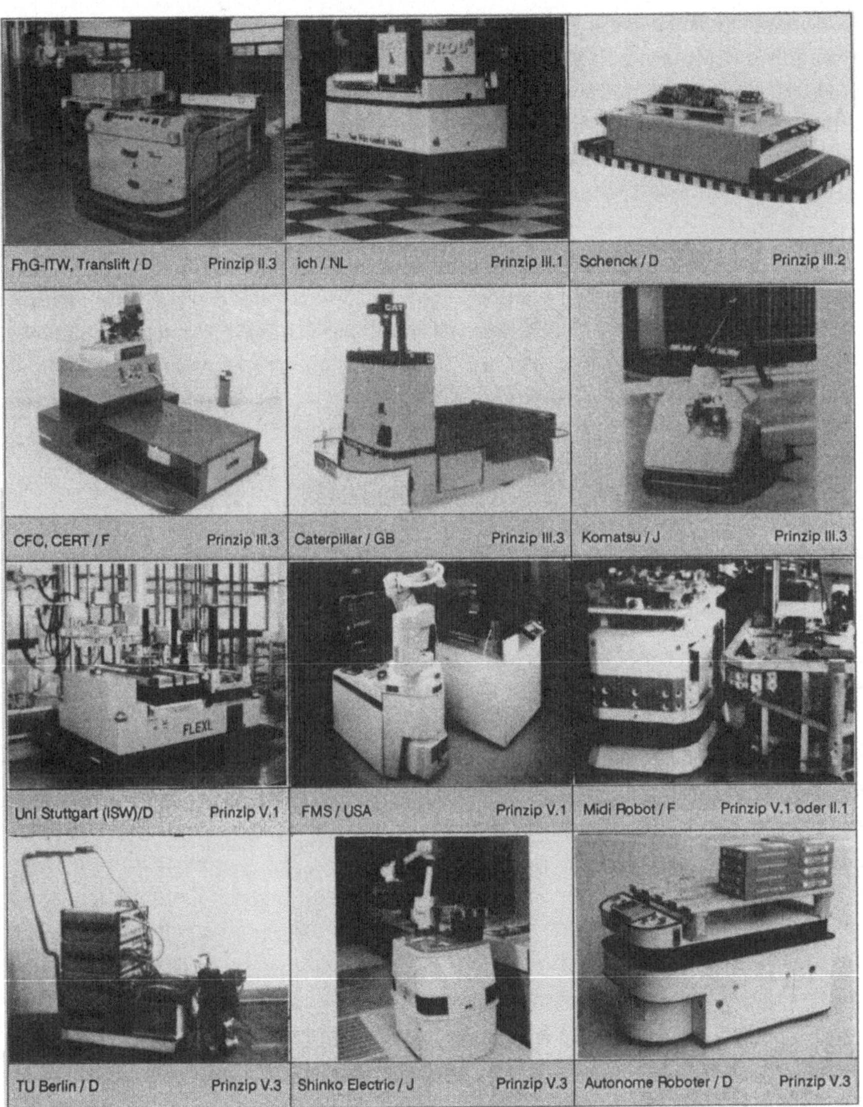

Abb. 2–5: Entwicklungen fortgeschrittener Führungssysteme für Flurförderzeuge (Kennziffern entsprechend Abb. 2-2).

Grenzen bei insgesamt komplex strukturierten Fertigungsumgebungen mit wenigen parallelen Wandstücken. Ein weiteres System der Firma Autonome Roboter /31/ nimmt die Umgebung mit einem Laserscanner auf und soll die Position kontinuierlich mittels eines aufwendigen Korrelationsverfahrens bestimmen. Eine Lösungsfindung für den extrem rechenintensiven Vergleich von Umgebungsmodell und Sensorbild steht bei diesem Projekt noch aus.

Viele der genannten Projekte sind entweder aufgegeben worden oder befinden sich noch in der Entwicklung, jedoch sind zur Zeit bereits erste Pilotanlagen in Betrieb oder in Aufbau. Technisch vergleichbare Entwicklungsvorhaben existieren auch für die Anwendungen Bodenreinigung und Anlagenbewachung sowie im Bauwesen.

2.2.3 Forschungsprojekte zu mobilen autonomen Robotern

Das Gebiet der mobilen autonomen Roboter hat sich aufbauend auf dem Projekt Shakey /32/ seit etwa 1968 zu einer bedeutenden Forschungsdisziplin innerhalb der Robotertechnik entwickelt. Hauptsächlich in den USA, Japan und Frankreich wurde Pionierarbeit geleistet. Entsprechend Abb. 2-6 haben sich dabei 5 Forschungsschwerpunkte herausgebildet.

Ortsveränderliche Industrieroboter werden von Forschungsinstituten der Fertigungstechnik untersucht. Dabei handelt es sich meistens um serienmäßige Industrieroboter, die mit speziell konzipierten, jedoch konventionell leitliniengeführten Flurförderzeugen verfahren werden /33/. Mit Laufmaschinen werden Grundlagenarbeiten bei der maschinellen Nachbildung des Gehens von Menschen und Tieren durchgeführt. Mit Fernlenkfahrzeugen sollen Eingriffsmöglichkeiten in für den Menschen nicht zugängliche oder feindliche Umgebungen geschaffen werden. Bei Anwendungen z. B. in der Nukleartechnik, unter Wasser oder im Weltraum stehen angesichts der nicht vorherplanbaren Aufgaben fernbediente Geräte im Vordergrund. Allerdings wird in manchen Vorhaben die Entlastung des Bedieners durch teilautonome Funktionen angestrebt.

Als autonom sind im wesentlichen 2 Gruppen mobiler Roboter einzustufen: Autonome Straßen- und Geländefahrzeuge benötigen eine sehr spezielle Sensor- und Steuerungsstruktur zur Führung auf Straßen und Wegen sowie zur Bewältigung der nicht im Detail vorgebbaren Umgebung. In mehreren Großprojekten wird diese Aufgabenstellung vor allem in den USA untersucht, aber auch in Deutschland wurde ein System realisiert /34/. Am ehesten entsprechen die intelligenten mobilen Plattformen, bei denen in der Regel anspruchsvolle Sensor- und Steuerungssysteme auf einfachen Rad-Plattformen in weitgehend bekann-

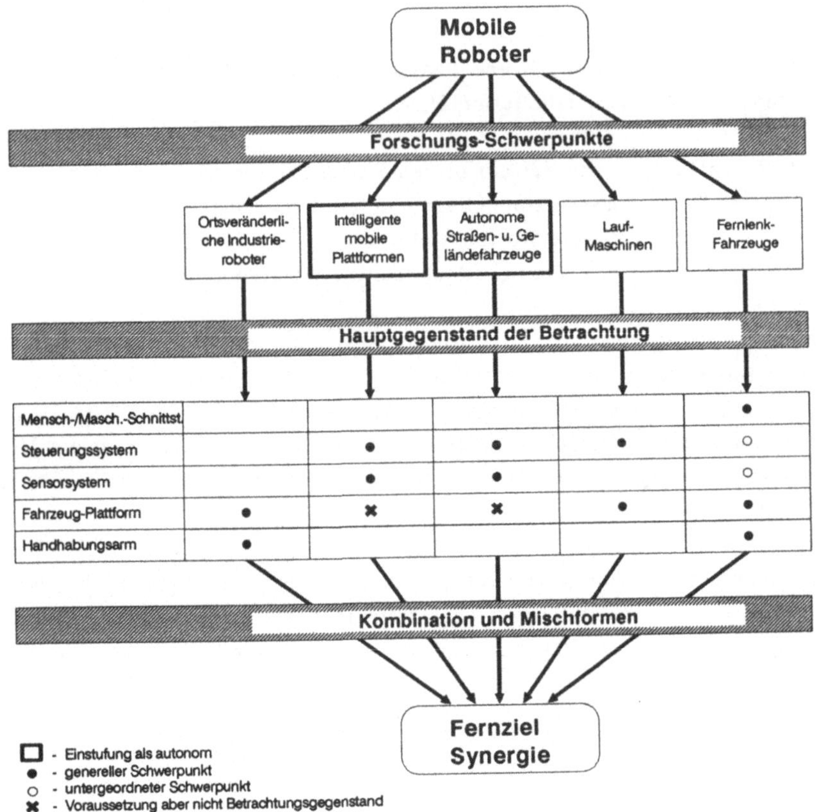

	Ortsveränderliche Industrieroboter	Intelligente mobile Plattformen	Autonome Straßen- u. Geländefahrzeuge	Lauf-Maschinen	Fernlenk-Fahrzeuge
Mensch-/Masch.-Schnittst.					●
Steuerungssystem		●	●	●	○
Sensorsystem		●	●		○
Fahrzeug-Plattform	●	✖	✖	●	●
Handhabungsarm	●				●

Abb. 2–6: Forschungsschwerpunkte bei mobilen Robotern

ten und ebenen Umgebungen erforscht werden, der Thematik der leitlinienlos geführten Flurförderzeuge.

Gemessen an den Kriterien der durchgängigen Konzeptspezifikation, dem Stand der Realisierung, vorliegenden Versuchsergebnissen und dem Gehalt von Veröffentlichungen sind vor allem die folgenden Vorhaben zu nennen: in den USA die Projekte IMP /35/ und Neptune /36/ der Carnegie-Mellon-University sowie Mars /37/ der Stanford University, in Japan die Projekte Meldog /38/ und GAL /39/ des Instituts MEL sowie Yamabiko /40/ der Universität Tsukuba und in Europa vor allem das Hilare-Projekt /6/ des LAAS in Frankreich. In Deutschland wurde Microbe /20/ sowie als Nachfolger Macrobe an der TU München realisiert. Weitere fortgeschrittene Projekte laufen an den Universitäten von Karlsruhe /41/ und Kaiserslautern /42/.

Die technischen Grenzen der auf diesen Forschungsplattformen untersuchten Sensor- und Steuerungsprinzipien liegen in dem teilweise extremen Rechenaufwand, den hohen Hardware-Kosten und in der Einschränkung auf vereinfachte Umgebungsbedingungen, häufig jedoch in allen Punkten gleichzeitig.

Typisch für die gegenwärtige Situation sind folgende Beispiele. Für die Aufnahme und Auswertung eines Sensorbildes, das eine Fahrtstrecke von 1 m ermöglicht, benötigt /43/ mehrere Minuten. In /44/ bilden 4 Sun-Rechner, ein 3D-Laserscanner sowie ein Hochleistungs-Farb-Bildverarbeitungs-System die Voraussetzungen für autonomes Fahren. Der Aktionsraum von /20/ beschränkt sich auf ein Rasterfeld von zylindrischen Objekten.

Zusammenfassend läßt sich feststellen, daß bisher noch keine praktisch umsetzbare Lösung für ein modellgestütztes Navigationskonzept in Echtzeitausführung in einer realen Umgebung und zu vertretbaren Kosten bekannt wurde.

2.3 Lastenheft

2.3.1 Abgrenzung des Einsatzbereichs

Der Einsatzbereich eines Sensor- und Steuerungssystems für die leitlinienlose Führung von Flurförderzeugen läßt sich durch die auszurüstenden Arten von Flurförderzeugen, die angestrebten Anwendungsbereiche und die jeweiligen Einsatzumgebungen eingrenzen. Bezüglich der Fahrzeugarten sollen entsprechend Abschnitt 2.1.1 alle Arten automatischer Flurförderzeuge betrachtet werden, wobei jedoch Schlepper und Wagen die weitaus größte Bedeutung haben. Gabelstapler, Kommissionier-Flurförderzeuge und Hochregalstapler sind in ihrer automatisierten Version seltener anzutreffen und weisen spezielle Anforderungen hinsichtlich der Bewältigung höherer Geschwindigkeiten, gefederter Fahrwerke und dem genauen Fahren innerhalb von Regalgassen auf.

Eine Übersicht der möglichen und bisher realisierten Anwendungsbereiche für FTS-Systeme gibt /4/. In /5/ geben darüberhinaus ausführliche Referenzlisten aller bedeutender FTS-Hersteller detaillierte Auskunft über die realisierten Anlagen. Danach beziehen sich viele Anwendungen von FTS-Systemen auf Warenverteilzentren, bei denen der Lagerkopf mit Kommissionier-Arbeitsplätzen (Ware zum Mann), Verpackungsstationen, dem Warenausgang sowie dem Wareneingang verkettet wird. Die Flexibilitätsanforderungen sind hier gering, da das Layout dieser Anlagen selten geändert wird. Eine hohe Anzahl von Fahrzeugen wird in Montagesystemen eingesetzt, wobei die Fahrzeuge als Werkstückträger verschiedene Montagearbeitsplätze flexibel verketten. Im Verhältnis zur Fahrzeuganzahl sind die Fahrkurse bei diesen Anlagen klein, so daß auch hier eine leitlinienlose Führung nicht vorrangig von Bedeutung ist.

Hohe Flexibilitätsanforderungen, verzweigte Fahrkurse bei geringer Fahrzeuganzahl prägen dagegen den Einsatz von FTS-Systemen zur Verkettung flexibler Fertigungssysteme im Maschinenbau und in der Elektrotechnik. Eine ähnliche Situation besteht auch bei der Ver- und Entsorgung von Produktionsarbeitsplätzen. Das automatische Flurförderzeug bringt hierbei Werkstücke sowie Leerpaletten für die Fertigteile vom Teilelager zu den Arbeitsplätzen und holt Fertigteile sowie Leerpaletten der Rohteile ab. Ein weiterer Anwendungsbereich mit hohen Flexibilitätsanforderungen besteht im Bürobereich. Anwendungen für das Austeilen von Post sowie von Essensportionen sind bereits realisiert worden.

In den drei zuletzt genannten Anwendungsbereichen besteht der stärkste Bedarf nach leitlinienloser Fahrzeugführung. Deshalb sollen diese Anwendungen bei den weiteren Betrachtungen im Vordergrund stehen. Dabei kann als Einsatzumgebung jeweils von einem ebenen Boden als Bewegungsraum mit drei Freiheitsgraden des Fahrzeugs ausgegangen werden.

Fahrzeugarten

● Pflicht
○ Wunsch

- ● Schlepper und Wagen
- ○ Gabelstapler
- ○ Kommissionier-Flurförderzeuge
- ○ Hochregal-Stapler
- ● Übertragbarkeit auf unterschiedliche Fahrwerkskonzepte

Anwendungsbereiche

- ● Ver- und Entsorgung von Produktions-Arbeitsplätzen
- ● Flexible Verkettung von Fertigungssystemen
- ○ Einsatz in Warenverteilzentren
- ○ Verkettung von Montagearbeitsplätzen
- ○ Kommissionieren (Mann zur Ware)
- ○ Regalunabhängiges Ein-/Auslagern
- ● Austeilen von Waren (Post, Essen,...)

Einsatzumgebung

- ● Einsatz auf annähernd ebenen, nicht speziell vorbereiteten Böden
- ● Einsatz innerhalb von Produktionsgebäuden
- ● Einsatz in Büroräumen
- ○ Fahren auf kurzen Verbindungswegen zwischen Gebäuden
- ○ In Einzelfällen Befahren leichter Rampen
- ○ Aufzugsfahrten
- ● Unempfindlichkeit gegen leichte Bodenunebenheiten und Bodenverschmutzungen
- ● Unempfindlichkeit gegen Veränderungen der Umgebung

Abb. 2–7: ***Abgrenzung des Einsatzbereichs für die leitlinienlose Führung***

2.3.2 Zentrale Anforderungen

Die Entscheidung, ob ein Sensor- und Steuerungssystem für das freie Verfahren von Flurförderzeugen realisierbar ist, hängt von der Erfüllbarkeit der in Abb. 2-8 beschriebenen Kernanforderungen, für die entsprechend dem heutigen Stand der Technik noch keine Lösung besteht, ab. Für die Konzeption besteht hier nicht die Möglichkeit einer Auswahl zwischen Lösungsvarianten, sondern es sind grundsätzlich neue Wege zu finden.

Technische Machbarkeit

● Pflicht
○ Wunsch

- ● Positionsbestimmung und Bahnführung ausschließlich durch interne Verfahren:
  - Auswertung interner Bewegungsgrößen
  - Vergleich von Sensorinformationen mit Vorwissen über die Einsatzumgebung
- ● Keine Verwendung stationärer Navigationshilfen wie Peilsender, Peilmarken, Erkennungsmarken oder spezielle Bodenstrukturen
- ● Durchführung von Sensormessungen und Bewegungssteuerung in Echtzeit

Bewältigung realer Umgebungsverhältnisse

- ● Einsatz in Produktionsbetrieben und Bürobereichen

Vertretbarer Kostenrahmen

- ● Realisierbarkeit im Rahmen der Wirtschaftlichkeit
- ○ Kosteneinsparung durch Fortfall der Bodenanlagen höher als fahrzeugseitige Mehrkosten für Sensorik und Steuerung

Abb. 2–8: Zentrale Anforderungen als Voraussetzung für die Machbarkeit

2.3.3 Anforderungen zur Fahrkursflexibilität

Der wesentliche Vorteil einer leitlinienlosen Fahrzeugführung liegt in der Flexibilität der Fahrkursgestaltung. Für eine vollständige Flexibilität sind

Flexibilität der Fahrkursgestaltung

● Pflicht
○ Wunsch

Unabhängigkeit von Hardware-Installationen

- ● Virtuelle Bahnführung ohne Verwendung von Leitlinien
- ● Geschwindigkeitssteuerung und Positionierung an Haltepunkten ohne Initiatoren im Boden
- ● Ermittlung der Fahrzeugistposition ohne Kodierungselemente im Boden
- ● Erkennung der Fahrzeugeinfahrt in Blockstrecken, Weichen und Kreuzungsbereiche ohne stationäre Sensoren
- ● Fahrkursunabhängige Datenübertragungseinrichtungen

Vermeidung fahrkursspez. Software-Entwicklungen

- ● Automatische Anpassung der Steuerungsprogramme entsprechend vorgegebenem Fahrkurs
- ○ Durchführung von Fahrkursänderungen durch den Anwender

Aufrechterhaltung der laufenden Produktion

- ● Keine Behinderungen auf den Transportwegen während der Fahrkursänderung
- ○ Eingabe des Fahrkurs-Layouts und Test der Steuerungsprogramme off-line

Einfache Inbetriebnahme

- ○ Testmöglichkeit für Steuerungsprogramme durch Simulation
- ● Einfaches Aufsetzen der Fahrzeuge im Kurs

Abb. 2–9: *System-Anforderungen zur Gewährleistung der Flexibilität gegenüber Fahrkursänderungen*

Hardware und Steuerungssoftware gleichermaßen zu betrachten. Bei der Aufstellung der funktionalen Anforderungen ist zu berücksichtigen, daß die Bodenanlagen konventioneller induktiv geführter Systeme weitere, über die unmittelbare Bahnführung hinausgehende Aufgaben erfüllen (Abb. 2-9).

2.3.4 Anforderungen an die Komponenten

In Anlehnung an bestehende FTS-Fahrzeuge müssen von einem Steuerungssystem für die leitlinienlose Fahrzeugführung die in Abb. 2-10 dargestellten Funktionen erfüllt werden. Neben der eigentlichen Fahrzeugsteuerung soll der

Steuerungsfunktion

● Pflicht
○ Wunsch

- ● Zielsteuerung durch Fahrzeugrechner
- ● Bahnführung entlang virtueller Geraden – und Kurvenabschnitte mit ausreichender Genauigkeit
- ● Bahnregelung mit ausreichender Genauigkeit
- ● Kontinuierlich vorgebbare Bahngeschwindigkeit
- ● Beschleunigen und Verzögern auf kontinuierlichen Geschwindigkeitsrampen
- ● Genaues Positionieren an Haltepunkten
- ● Permanente Standortbestimmung
- ● Steuerung einer Lastübergabe-Einrichtung
- ● Überwachung des Batterie-Ladezustands

Integrationsmöglichkeit

- ● Verkettungsmöglichkeit mit Transport-Leitrechner
- ○ Permanente Kommunikation zwischen Fahrzeug und Leitstand
- ○ Möglichkeit der Abfrage von Fahrzeug-Istposition und -Status

Allgemeine Anforderungen

- ● Einfache Bedienung
- ● Hohe Verfügbarkeit
- ● Unempfindlichkeit gegenüber Umwelteinflüssen (Lärm, Schmutz, Temperatur, Luftfeuchtigkeit)
- ● Unempfindlichkeit gegenüber Täuschungsversuchen und Sabotage

Abb. 2–10: Anforderungen an die Fahrzeugsteuerung

Fahrzeugrechner auch wesentliche Teile der Zielsteuerung übernehmen. Disposition, Verkehrsüberwachung und alle fahrzeugübergreifenden Steuerfunktionen sollen dagegen von einem übergeordneten Leitrechner erfolgen.

Von der eigentlichen Fahrzeugführung und Fahrkursgestaltung unabhängig, aber vom Standpunkt der Systemflexibilität hinsichtlich Betriebsstörungen wichtig sind die Erkennung von Kollisionsgefahren und die automatische Reaktion zu deren Behebung (Abb. 2-11).

Sicherheit und Störungsbehandlung

● Pflicht
○ Wunsch

- ● Optische und akustische Warneinrichtungen
- ● Personenschutz durch berührenden Auffahrschutz mit Verformungsweg größer als Bremsweg
- ○ Frühzeitiges Erkennen von Kollisionsgefahren
- ○ Gesteuertes Anhalten bei Hinderniserkennung und automatische Weiterfahrt nach Hindernisbeseitigung
- ○ Umfahren von Hindernissen bei teilweise versperrten Fahrwegen
- ○ Automatische Umplanung von Fahrtrouten bei vollständig blockierten Fahrwegen

Abb. 2–11: Anforderungen an die Erkennung und Behandlung von Störungen

3 Analyse der Funktionen und Lösungsansätze des Sensorsystems

3.1 Entwicklungsmethodik der Analyse und Synthese

Technologische Schlüsselkomponenten für die leitlinienlose Führung automatischer Flurförderzeuge sind, gemessen an den zugrundeliegenden Lastenheftanforderungen, die Teilsysteme Sensorik und Steuerung. Für die Entwicklung der benötigten Sensor- und Steuerungsstruktur scheidet angesichts technisch ungelöster Teilaufgaben eine Variantenauswahl zwischen bekannten Lösungsblökken aus. Unter Berücksichtigung dieser Ausgangssituation erfolgt die Lösungsfindung nach der Methode von Analyse und Synthese. In der Analyse wird die komplexe Aufgabenstellung soweit in ihre funktionalen Bestandteile zerlegt, daß die resultierenden Elementarfunktionen vom Umfang überschaubar und hinsichtlich der zur Verfügung stehenden Elementarlösungen technisch bewertbar werden. Die Synthese generiert dann, auf Basis dieser Bestandteile, durch entsprechende Zusammensetzung ein optimal auf die Aufgabenstellung angepaßtes neues Systemkonzept.

Als Grundlage für die Analyse dient die Auswertung von ca. 300 Projekten weltweit, die sich mit mobilen Robotern befassen. Darunter weisen ca. 75 Projekte zumindest Teilaspekte autonomer Strukturen auf, von denen wiederum ca. 15 Vorhaben umfangreichere Ergebnisse aus vorangegangenen Versuchsträgeraufbauten vorweisen können.

Im Rahmen der Analyse dienen die Projektauswertungen insbesondere der Extraktion von Funktionselementen und deren zugeordneten Lösungsansätzen. Anschließend erfolgt eine Überprüfung auf Vollständigkeit unter Hinzufügung fehlender Funktionselemente im Gesamtablauf sowie weiterer sinnvoller Ergänzungsfunktionen und Lösungsprinzipien. Eine Abstraktion der elementaren Funktionsinhalte und Lösungsprinzipien ermöglicht schließlich die Aufstellung einer geschlossenen Systematik der funktionalen Grundbausteine als Ergebnis der Analyse.

Bei der Darstellung der Einzelfunktionen sind auch jeweils wichtige, unmittelbar zuzuordnende Forschungsarbeiten mit ihren Lösungsansätzen als Ergebnis der Projektrecherche aufgeführt. Die Analyse erfolgt nachstehend in Kapitel 3 für die Sensorik und in Kapitel 4 für die Steuerung.

3.2 Gegenseitige Abhängigkeit von Sensorik und Steuerung

Sensorik und Steuerung stehen bezüglich ihrer Funktionsweise in einer engen Abhängigkeit voneinander. Die Art der Informationsauswertung in der Steuerung ist in hohem Maße von der Art der von den jeweiligen Sensoren gelieferten Daten abhängig. Umgekehrt bestimmt die Steuerungsstrategie die benötigte Art und Menge an Sensorinformationen und damit die Auswahl des Sensorsystems.

Die Sensoren liefern in keinem Fall ein ideales dreidimensionales geometrisches Abbild der Umgebung, sondern vielmehr eine ausschnitthafte und durch die Abbildungseigenschaften des jeweiligen Aufnehmers technologiespezifisch geprägte Information. Der Informationsgehalt eines abstandsmessenden Ultraschall-Sensors beispielsweise gibt den Abstand zum nächstgelegenen Oberflächenelement mit einer zum Sensor gerichteten Normalenrichtung innerhalb eines etwa kegelförmigen Erfassungsraumes. Über die laterale Position des Meßpunktes und über schrägstehende Oberflächen können so noch keine Aussagen getroffen werden. Stereo-Bildverarbeitung, als zweites Beispiel, liefert die dreidimensionale Position einer Anzahl markanter Punkte, jedoch ohne die Oberfläche vollständig zu beschreiben und ohne die Sinnfälligkeit der Punktauswahl zu prüfen.

Die Schnittstelle zwischen Sensorik und Steuerung bilden zum einen die Sensoreinsatz- und Sensorauswahl-Kommandos der Steuerung sowie zum anderen die Information des Sensors. Logisch der Sensorkomponente zugeordnet ist die Sensordatenverarbeitung, welche aus der Vielfalt der Meßaufnehmersignale die gewünschte Information extrahiert.

3.3 Analyse der Funktionen des Sensorsystems

Sensoren liefern der Steuerung die benötigten Informationen über Systemzustand und Umgebungssituation. Die unterschiedlichen Sensoren für mobile autonome Roboter lassen sich entsprechend den von ihnen gelieferten Informationen in die in Abb. 3-1 dargestellten Funktionsgruppen aufteilen.

Abb. 3-1: Funktionen von Sensorsystemen für mobile autonome Roboter und deren Auswertung durch die Steuerung

Die technischen Anforderungen bei der Bewegungsführung von Handhabungsarmen entsprechen denen bei der Sensorführung von Industrierobotern mit dem zusätzlichen Handikap einer bewegten und in der Regel nachgiebigen Plattform. Zu den anwendungsspezifischen Nutzlast-Sensoren zählen z.B. Bewegungsmelder von Bewachungsrobotern und Partikelmeßgeräte bei mobilen Robotern für die Reinraumvermessung. Diese Sensoren bilden bei derartigen Einsatzgebieten mobiler Roboter den eigentlichen Kern der Anwendung. Prozeßführungs-Sensoren dienen der Steuerung und Regelung verfahrenstechnischer Größen bei Arbeitsmaschinen sowie handgeführten Werkzeugen und erfassen z.B. Schweißstrom, Leistungsaufnahme eines Schleifgerätes oder den Füllstand von Chemie-Behältern.

Die drei vorstehend erläuterten Funktionsgruppen finden ebenso wie Sensoren für die Fernbedienungs-Rückkopplung und die Maschinenüberwachung nur fallweise Verwendung und können als eigenständige, vom mobilen autonomen Roboter weitgehend unabhängige Aufgabenstellungen betrachtet werden. Für mobile autonome Roboter charakteristisch und für die Funktionsfähigkeit unabdingbar sind dagegen Positionsbestimmung, Umgebungserkennung und Kollisionsschutz. Beispiele für die Kombination dieser Funktionen zu Komplettsystemen sind in /45/ beschrieben.

Bei den Verfahren zur Positionsbestimmung, d.h. der Ermittlung der aktuellen Fahrzeug-Istposition, ist nur die Positionsbestimmung aus internen Bewegungsgrößen gemeint.

Kennzeichnende Aufgabe der Sensoren zur Umgebungserkennung ist die Herstellung des Bezugs zum Umgebungs-Vorwissen, das in der Regel als Umgebungsmodell vorliegt, oder der Aufbau von Wissen über die momentane Umgebungssituation. Eine Auswertung erfolgt erst indirekt über das aktualisierte Umgebungsmodell, hauptsächlich für die zentrale Aufgabe der Koppelnavigationsstützung. Bei einigen Konzepten mobiler autonomer Roboter werden diese Sensoren gleichzeitig für Aufgaben der Positionsbestimmung und des Kollisionsschutzes ausgewertet. Weitere Möglichkeiten der Ausnutzung von Informationen der Umgebungssensorik bestehen beim Einlernen unbekannter

Einsatzumgebungen, beim sensorgeführten Umfahren unbekannter Hindernisse und bei der direkten Sensorführung von Fahrzeugbewegungen. Beispiele für letzteres sind die Fahrzeugführung entlang von Straßenverläufen, im festen seitlichen Abstand zu Wänden oder die Verfolgung bewegter Objekte.

Selbst bei Lücken in der Information von Umgebungssensoren und bei Fehlentscheidungen der Steuerung soll ein unmittelbarer Schaden verhindert werden. Deshalb werden in der Regel zusätzliche, einfach aufgebaute Kollisionsschutzsensoren eingesetzt.

Bei der funktionalen Darstellung der Sensorik ist eine Gliederung in die genannten Hauptfunktionen ausreichend. Die folgenden Abschnitte beschreiben eine Gliederungssystematik aller Lösungsvarianten der für mobile autonome Roboter spezifischen Funktionsgruppen Positionsbestimmung, Umgebungserfassung und Kollisionsschutz.

3.4 Lösungsvarianten für die interne Positionsbestimmung

Bei der Positionsbestimmung aus internen Bewegungsgrößen erfolgt die Istlageerfassung des Fahrzeugs durch Aufintegration inkrementeller Bewegungen unter Berücksichtigung der Fahrwerkskinematik. Diese auch als Koppelnavigation bezeichnete Methode ist in jedem Fall mit Driftfehlern behaftet /46/47/. Die meisten Fahrwerkskinematiken weisen zwei Stellmöglichkeiten (Fahrantrieb, Lenkung) auf, so daß die Messung von zwei Größen ausreichend ist. Abb. 3-2 stellt die möglichen Lösungsvarianten dar.

Generell bereitet die Bestimmung der Fahrzeugorientierung bzw. des Lenkwinkels größere Probleme als die Messung des Fahrweges. Zur Lösung dieser Schwachstelle werden gelegentlich Inertialsysteme für die Orientierungsmessung eingesetzt. Doch nur sehr teure und aufwendige Kreiselsysteme bringen hier einen Vorteil. Neben den Meßaufnehmern sind die Fertigungsgenauigkeit des Fahrzeugrahmens sowie die Modellierung des Radverhaltens entscheidend für die Genauigkeit.

Anordnung	Prinzip	Sensorart	Sensortechnologie
2 Rad-Umdrehungs-messungen		Winkelaufnehmer • an angetriebenem Rad • an freilaufendem Rad • auf Meßrad	*Absolute Winkelmessung* • Optischer Absolutwertgeber • Resolver / Drehmelder • Potentiometer – Kohleschicht – Leitplastik – Drahtwendel • Feldplatten-Winkelgeber • Induktiver Winkelgeber (Wirbelstrom-Prinzip) • Kapazitiver Winkelgeber *Inkrementelle Winkelmessung* • Optischer Inkrementalgeber • Wiegand-Effekt-Sensor (Ummagnetisierungsimpulse) • Induktive Zählung an Zahnscheibe (Wirbelstrom-Prinzip) *Winkelgeschwindigkeitsmess.* • Tachogenerator
Rad-umdrehungs-messung + Lenkwinkel-messung			
Rad-umdrehungs-messung + Richtungs-messung		Richtungs-aufnehmer	*Drehlagen-Messung* • Magnetkompaß • Kreiselkompaß oder Kurskreisel *Drehraten-Messung* • mech. Wendekreisel • Korriolisseffektkreisel • Laserkreisel • Faserkreisel • Gas-Wendekreisel
Beschleuni-gungsmessung + Richtungs-messung			
Mehr-dimensionale Beschleuni-gungsmessung		Beschleunigungs-aufnehmer • linear • rotatorisch	*Beschleunigungsmessung* • Piezoelektrischer Geber • Servo-Beschleunigungsgeber
Messung der Relativge-schwindigkeit zur Umgebung		Geschwindigkeits-Sensor	*Messung von Längs- und Quergeschwindigkeit* • Optische Korrelation • Doppler-Verfahren • Strömungsmechanischer Geber
Schätzung aus Motor-Sollwerten		–	*Softwaremäßige Verarbeitung von digitalen Sollwerten* • Strom • Spannung • Geschwindigkeit

Prinzip: Integration interner Bewegungsgrößen der Radumdrehung, Lenkstellung, Plattformorientierung, Relativbewegung und Sollwertverläufen

Anordnungsvarianten gültig für die häufigsten Fahrzeugkinematiken mit den Voraussetzungen
- Verfahren auf ebenem Untergrund (dreidimensionaler Raum)
- Fahrwerkskinematik auf 2 Bewegungsachsen beschränkt (2 Freiheitsgrade)

Abb. 3–2: Lösungsvarianten zur Positionsbestimmung aus internen Bewegungsgrößen

Bezüglich des Meßverfahrens ist allgemein betrachtet der Geräteaufwand von größerem Einfluß auf Kosten und Genauigkeit als die Auswahl des Meßprinzips.

3.5 Lösungsvarianten für die Umgebungserkennung

Die Erkennung der Umgebungssituation mit Sensoren als Grundlage für intelligente Steuerungsentscheidungen ist ein zentrales Kennzeichen autonomer

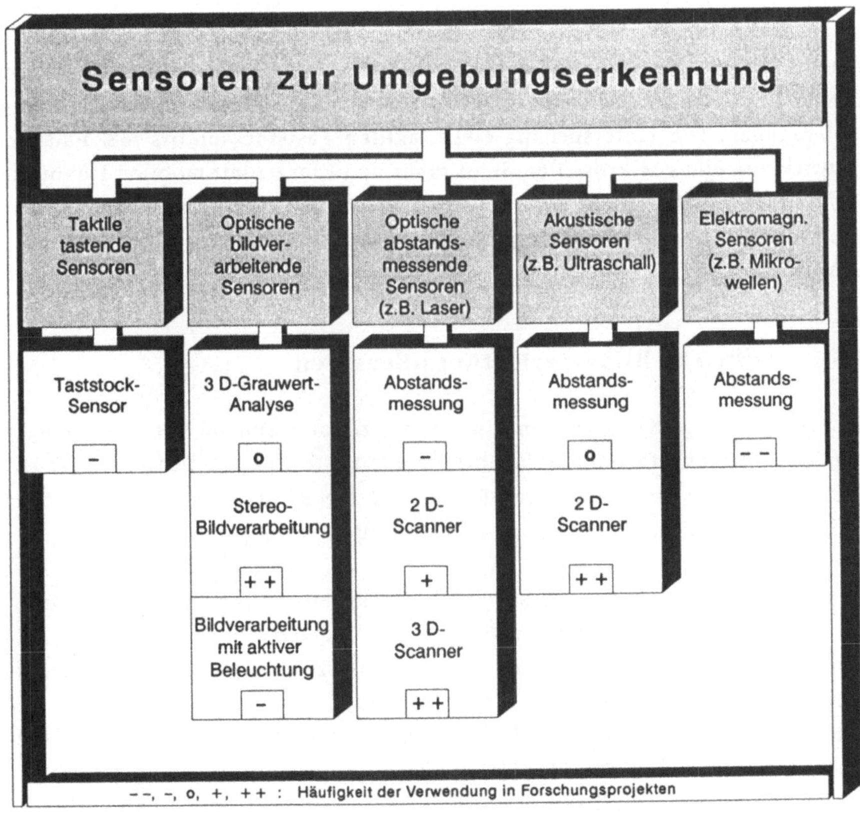

Abb. 3-3: Einordnungssystematik der Sensoren zur Umgebungserkennung für mobile autonome Roboter

mobiler Roboter. Aus dieser Sicht heraus, aber auch vom technischen Aufwand, den Kosten und der Rechenzeit her kommt der Umgebungserkennung die Bedeutung des Hauptsensorsystems zu.

Die Vielfalt der technischen Lösungsmöglichkeiten ist nachstehend zu einer Einordnungssystematik gegliedert. Dabei ist zu beachten, daß es sich um Forschungsansätze handelt - es kann weder von der Marktverfügbarkeit der Sensoren, noch von einer technischen Einsatzfähigkeit ausgegangen werden.

Es ist zu beachten, daß die verschiedenen Sensorarten voneinander sehr unterschiedliche geometrische Informationen liefern. Bezüglich der gemessenen Umgebungsdaten ist also weder eine Vergleichbarkeit noch eine Austauschbarkeit gegeben. Die Untersuchung eines taktilen Taststocksensors /48/ und die Entwicklung eines Mikrowellen-Sensors für den Einsatz mit mobilen Robotern /49/ wurden nur jeweils in Einzelfällen durchgeführt. Von erheblicher Bedeutung sind Bildverarbeitung, optische Abstandsmessung und Ultraschall-Sensoren.

3.5.1 Optische Bildverarbeitungs-Sensoren

Bildverarbeitungs-Sensoren sind in diesem Zusammenhang von der nachgeschalteten Datenverarbeitung her die aufwendigste Lösung. Eine grundsätzliche Problematik liegt darin begründet, daß die Bildverarbeitung von ihrer Natur her nur Informationen über ein ebenes Betrachtungsfeld liefert.

So stoßen Ansätze der 3D-Grauwert-Bildverarbeitung sowohl bei Verfahren der Korrelation von Raumecken-Mustern /50/ als auch der Szenenanalyse /51/ schnell auf Leistungsgrenzen. Die für den Einsatz mit mobilen Robotern entscheidende Tiefeninformation kann nur über die aufwendigen Umwege der Stereobildauswertung /52/, der Bildfolgenauswertung /43/ oder der aktiven Beleuchtung erreicht werden. Trotz intensiver weltweiter Forschung seit ca. 20 Jahren konnte hier bisher kein Durchbruch erzielt werden. Die grundsätzlichen Lösungsansätze sind in Abb. 3-4 skizziert.

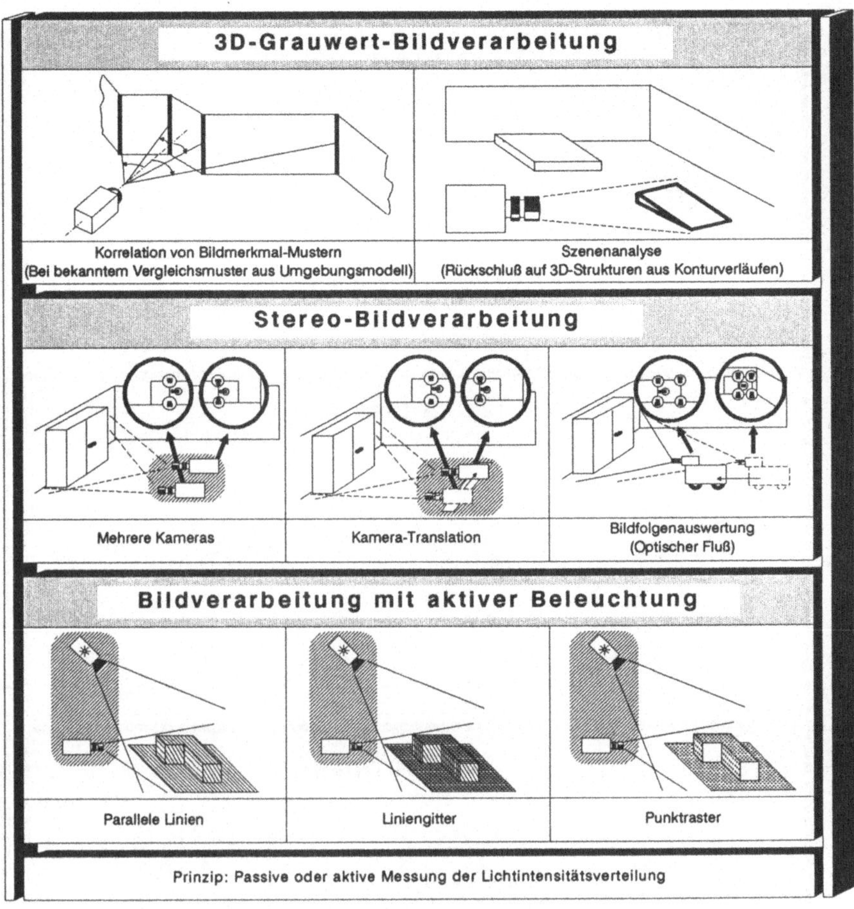

Abb. 3-4: ***Lösungsvarianten bei optischen Bildverarbeitungs-Sensoren zur Umgebungserkennung***

3.5.2 Optische abstandsmessende Sensoren

Optische abstandsmessende Sensoren liefern direkt die wichtigen Entfernungsinformationen (Abb. 3-5). Die meistens auf Laserbasis arbeitenden Geräte

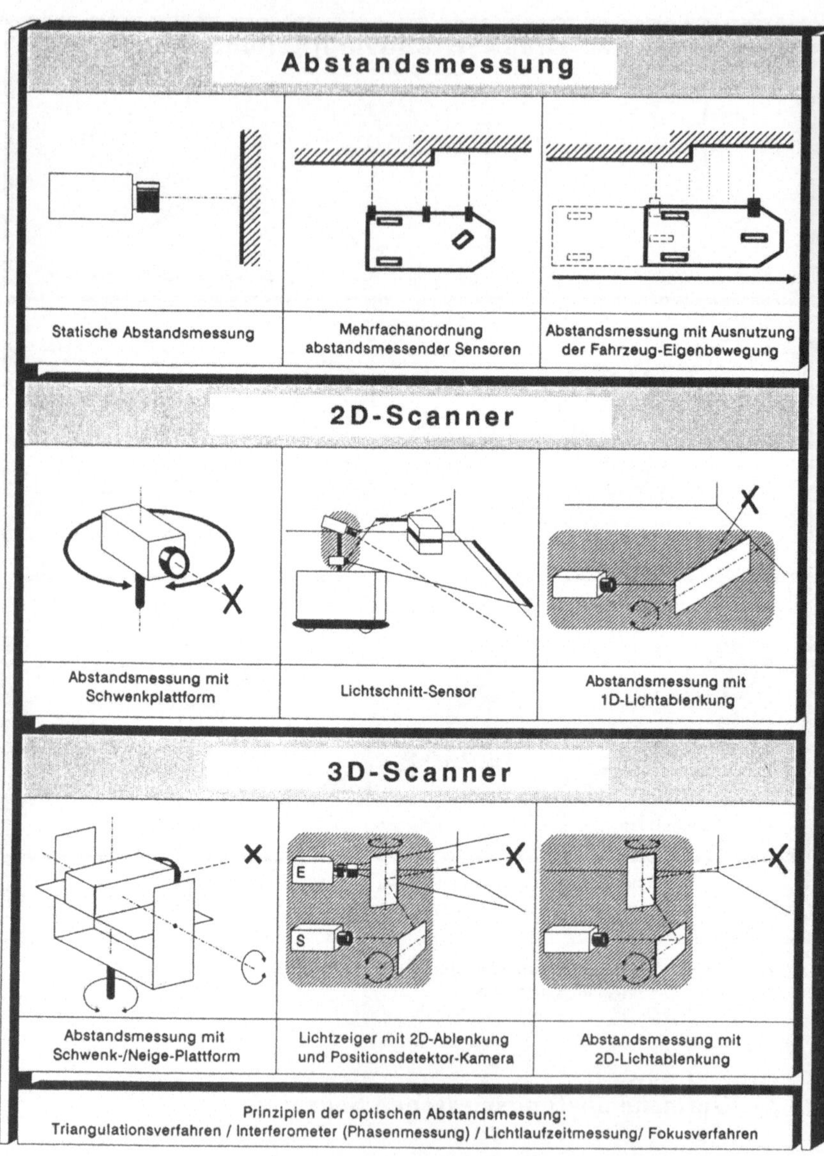

Abb. 3-5: Lösungsvarianten bei optischen abstandsmessenden Sensoren zur Umgebungserkennung

/53/54/messen stark fokussiert, haben eine sehr gute laterale Auflösung sind jedoch relativ teuer. Beim Einsatz von Laser-Sensoren ist die Beachtung der einschränkenden Unfallverhütungsvorschriften der Berufsgenossenschaften erforderlich. Insbesondere bei 3D-Scannern wird die Sensordatenverarbeitung wiederum sehr aufwendig.

3.5.3 Akustische Sensoren

Ultraschallsensoren stellen mit Abstand die kostengünstigste Sensorgruppe zum Messen von Entfernungen dar. Beim Einsatz und bei der Signalauswertung müssen jedoch einige charakteristische Eigenschaften der Ultraschallsensoren berücksichtigt werden /55/. Ultraschallimpulse können nicht so fokussiert abgestrahlt werden wie Laserstrahlen sondern breiten sich in erster Näherung kegelförmig aus. Der gemessene Abstand entspricht damit der ersten Reflexionsfläche innerhalb dieses Abstrahlkegels. Mit dieser Eigenschaft läßt sich weder eine gute laterale Auflösung noch eine Eindeutigkeit bei komplex strukturierten Reflexionsoberflächen erreichen.

Eine weitere charakteristische Eigenschaft bei Ultraschall-Sensoren ist die Tatsache, daß sich ebene Oberflächen wie akustische Spiegel verhalten. Das bedeutet zum Beispiel, daß ein auf eine schrägstehende Wand gerichteter Schallimpuls herausreflektiert und nicht zurück zum Sensor gelangt. Als dritte Eigenschaft darf die Schallaufzeit beim Einsatz vom bewegten Roboter aus nicht vernachlässigt werden, sondern muß als Meßwertkorrektur eingerechnet werden. Darüberhinaus beschränkt die Schallaufzeit die Häufigkeit der Messungen, da vor einer neuen Messung das Abklingen der alten Schallimpulse abgewartet werden muß, um den Empfang von Störechos zu vermeiden.

Richtig eingesetzt und interpretiert bieten Ultraschall-Sensoren jedoch trotz dieser einschränkenden Eigenschaften effiziente Lösungsmöglichkeiten /56/. Realisiert wurden Mehrfachanordnungen abstandsmessender Sensoren /54/, Empfänger-Arrays /38/ sowie Scanner mit schwenkbaren Abstandssensoren /57/20/. Die Entwicklung eines Ultraschall-Scanners nach dem Phased Array-Prinzip wird in /58/ beschrieben.

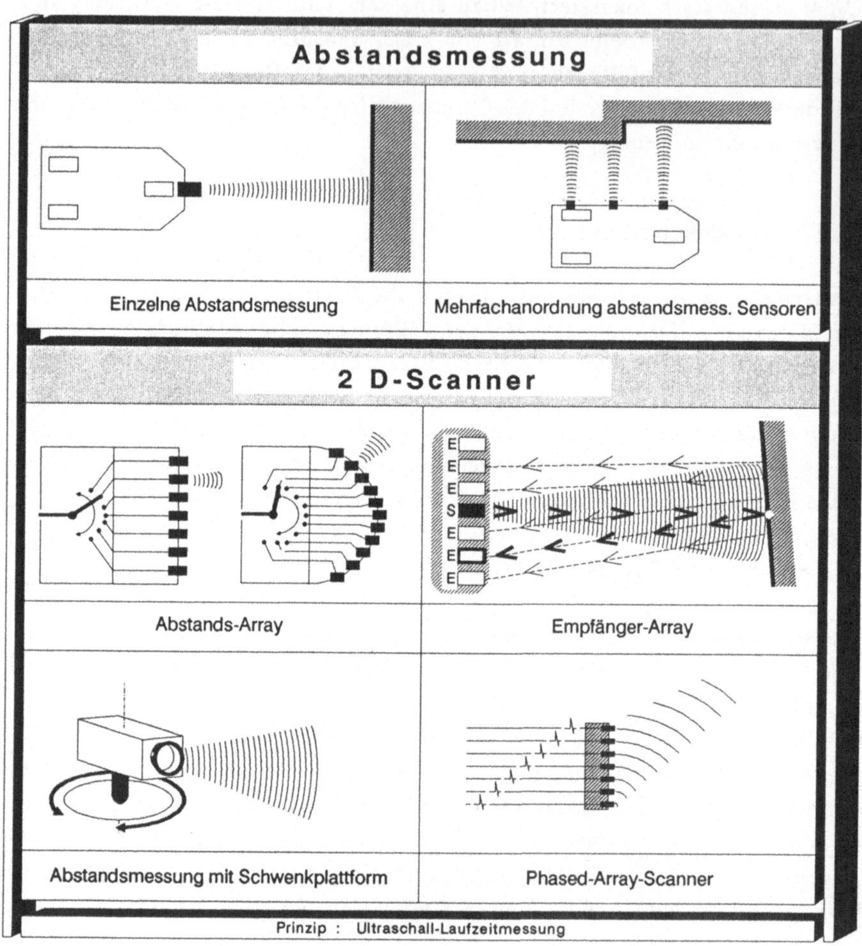

Abb. 3-6: Lösungsvarianten bei Ultraschall-Sensoren zur Umgebungserkennung

3.6 Lösungsvarianten für den Kollisionsschutz

Die Sensoren zum Kollisionsschutz sind zu den anderen Sensorsystemen zwecks Vermeidung von Schäden permanent parallelgeschaltet. Im Gegensatz zu den

Umgebungserkennungs-Sensoren werden die Signale dieser Sensorgruppe normalerweise nicht über die Kollisionsgefahrenmeldung hinausgehend ausgewertet. Ideal wäre ein lückenloser Rundumschutz, der allerdings in der Höhe schwierig zu realisieren ist. Die Sensoren sollen den Roboter selbst bei technischen Defekten und Fehlentscheidungen der Steuerung sicher stillsetzen. Die prinzipiellen Lösungsmöglichkeiten sind in Abb. 3-7 zusammengestellt.

Mit berührenden taktilen Sensoren kann lediglich eine bereits aufgetretene Kollision festgestellt werden. Besser ist ein vorausschauender berührungsloser Kollisionsschutz. Während ein optischer Strahl hier nur punktuell absichert,

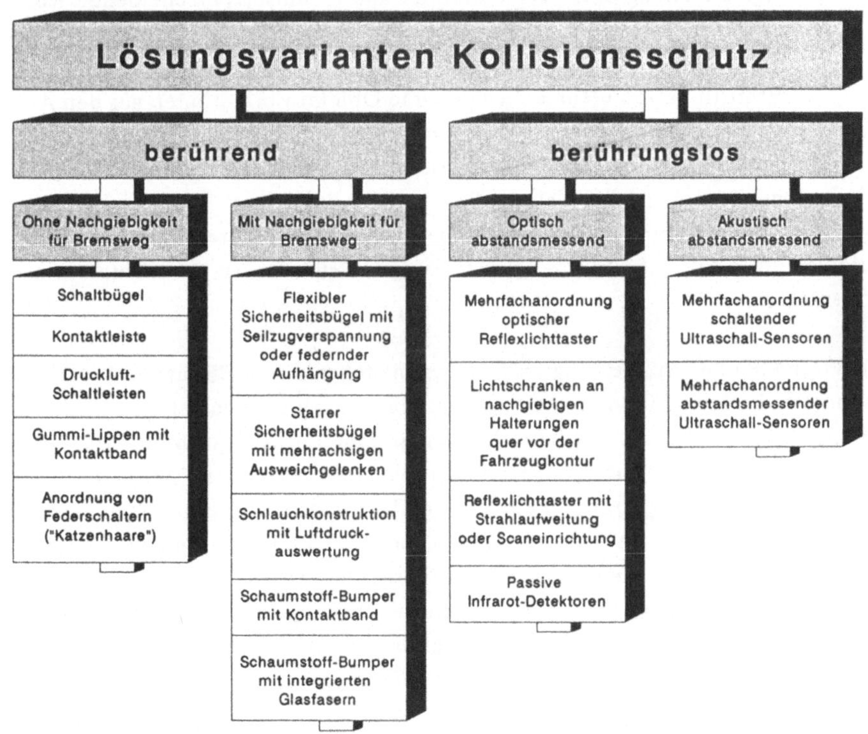

Abb. 3-7: ***Lösungsvarianten bei Sensoren zum Kollisionsschutz für mobile autonome Roboter***

kann die räumliche Abstrahlcharakteristik von Ultraschallsensoren gezielt für eine lückenlose Überdeckung der Schutzräume ausgenutzt werden.

3.7 Sensordatenverarbeitung

Jedes Sensorsystem besteht aus einem Aufnehmer, der nach einem der vorstehend beschriebenen physikalischen Prinzipien arbeitet und der nachgeschalteten Sensordatenverarbeitung. Während sich die Sensordatenverarbeitung bei Positionsbestimmung und Kollisionsschutz mit der Ermittlung von z.B. Winkeldaten bzw. Abstandswerten vergleichsweise einfach gestaltet, ist ihr bei der Umgebungserkennung eine anspruchsvolle und technisch entscheidende Rolle beizumessen /59/.

Bei der Ermittlung von Geometriedaten und Objektinformationen aus den Aufnehmersignalen lassen sich grob die Unterfunktionen Bilderfassung, Vorverarbeitung und Auswertung unterscheiden. Nachdem die Bilderfassung die Aufnehmersignale für die weitere Bearbeitung durch den Rechner zwischengespeichert hat, nimmt die Vorverarbeitung eine Bildbereinigung und -vereinfachung durch z.B. Filter-, Verstärkungs-, Schwellwert- und Entzerrungsoperatoren vor.

Während bei der Auswertung im Zusammenhang mit dem Einsatz an Industrierobotern die Identifikation und Lagebestimmung von eingelernten Objekten im Vordergrund steht, besteht beim Einsatz an mobilen Robotern ein deutlicher Schwerpunkt bei der Erfassung geometrischer Informationen einer nicht näher strukturierten Umgebung. Typischerweise werden aus einem Sensorbild markante Segmente in Form ausgezeichneter Punkte, Linien oder Flächen extrahiert und deren Lage relativ zum Sensor bestimmt. Diese Geometriesegmente werden der Steuerung als Ausschnitte einer in der Regel nicht in Einzelobjekte untergliederten sondern als zusammenhängend betrachteten Umgebung zur Verfügung gestellt. In Hinsicht auf die technische Machbarkeit bildet die Auswertung häufig die kritische Komponente in der Verarbeitungskette eines Sensorsystems.

4 Analyse der Funktionen und Lösungsansätze des Steuerungssystems

Aufgrund der Neuheit des Arbeitsgebietes existiert bis auf sehr allgemein bleibende Übersichten /60/ keine durchgängige Systematik zur Beschreibung von Steuerungen für mobile autonome Roboter. Bisher im Rahmen von Forschungsprojekten konzipierte und ganz oder teilweise realisierte Steuerungssysteme weisen entsprechend Anwendungsbereich und Forschungsschwerpunkt erhebliche Unterschiede in Struktur, Funktionsumfang, Leistungsfähigkeit und zugrundeliegendem Prinzip auf.

Trotz unterschiedlichster Konzepte lassen sich auf abstrakter Ebene wiederkehrende funktionale Anforderungen erkennen, wobei allerdings nicht jede Einzelfunktion in jedem Projekt vorgesehen ist. Die dargestellte Systematik mit einer Einteilung in 5 Funktionsblöcke und einer weiteren Untergliederung in insgesamt 21 Unterfunktionen beschreibt in diesem Sinne einen Maximalumfang an Funktionen, in dem problemangepaßte Steuerungssysteme als Untermengen enthalten sind.

Während sich für den Bereich der Sensorik eine Vielzahl von Lösungsalternativen basierend auf der Kombination bekannter Aufnehmerprinzipien den Funktionsblöcken zuordnen läßt, existieren für viele Steuerungsfunktionen allenfalls Lösungsvorschläge im theoretischen oder experimentellen Stadium. Bei einigen Unterfunktionen liegen noch nicht einmal Lösungsansätze vor, sondern lediglich der Vorschlag, diesen Aspekt in eine Steuerungsstruktur mit einzubeziehen.

4.1 Unterteilung des Steuerungssystems in Funktionen

Das Steuerungs-System bildet die zentrale Komponente mobiler autonomer Roboter und hat in der allgemeinsten Form die Aufgabe, einen komplexen Auftrag mit der Hilfe von Vorwissen über die Einsatzumgebung und mit den Informationen von Sensoren evtl. kombiniert mit der Fähigkeit zum Lernen in Antriebs-Sollwerte für die Roboter-Hardware umzusetzen. Die Aufträge wie z.B. Transport-, Reparatur- oder Erkundungsaufträge sowie das Vorwissen über die Einsatzumgebung erhält die Steuerung über einen stationären Leitrechner bzw. eine stationäre Mensch-Maschine-Schnittstelle. Die unmittelbare Bedienung auf unterer Ebene erfolgt über das Maschinenbedienfeld des Roboters.

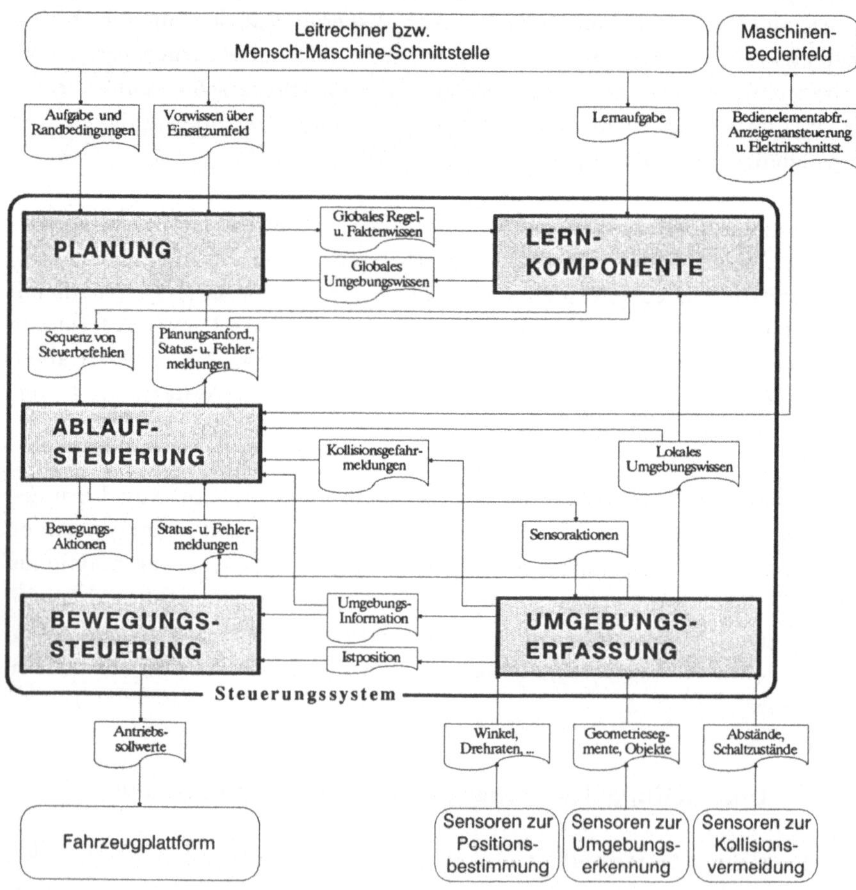

Abb. 4-1: ***Funktionen und Schnittstellen von Steuerungssystemen für mobile autonome Roboter***

Eine erste Unterteilung des Steuerungs-Systems in Hauptblöcke mit den 5 Funktionen Planung, Ablaufsteuerung, Bewegungssteuerung, Umgebungserfassung und Lernkomponente zeigt Abb. 4-1.

Neben der Fahrzeug-Plattform können gerätespezifisch auch Handhabungsarme einschließlich Greifern und handgeführten Werkzeugen, Lastübergabe-Einrichtungen, Arbeitsmaschinen oder Sensor-Plattformen angesteuert werden. Auf Seiten der Sensoren können neben den für die Fahrzeugführung erforderlichen Komponenten weitere Sensoren für die Handhabungsarm-Bewegungsführung, die Prozeßsteuerung, die Maschinen-Überwachung sowie Nutzlast-Sensoren vorhanden sein. Die Ansteuerung bzw. Auswertung dieser Komponenten entspricht dem Stand der Technik und erfolgt in direkt an die Ablaufsteuerung angebundenen Verarbeitungsmodulen parallel zu Bewegungs-Steuerung und Umgebungserfassung. Abb. 4-1 beschränkt sich auf die wesentlichen und für die Mobilität erforderlichen Funktionseinheiten.

4.2 Unterfunktionen und Lösungsansätze zu den Funktionen

4.2.1 Planung

Die Planungskomponente bildet die oberste Ebene einer Steuerung für mobile autonome Roboter. Entsprechend der dem Roboter gestellten komplexen Aufgabe wird ein Plan, d.h. eine Folge von elementaren Steuerbefehlen, generiert, mit dem diese Aufgabe ausgeführt werden kann. Eine derartige automatische Erzeugung von Steuerprogrammen entspricht der Thematik der impliziten Programmierung von Industrierobotern /61/.

Die Analyse ergibt eine Aufteilung in drei Unterfunktionen mit einem auf zwei Stufen aufgeteilten Planungsprozess. Während für die Ausführungsplanung von der Struktur her eher wissensbasierte Ansätze geeignet sind, ist die Bahnplanung durch algorithmische Verfahren und geometrische Berechnungen geprägt.

Dementsprechend greifen beide Planungsschritte auch in der Regel auf unterschiedliche Wissensarten bzw. auf unterschiedliche Bereiche des globalen Planungswissens, der dritten Unterfunktion, zurück. Die Ausführungsplanung

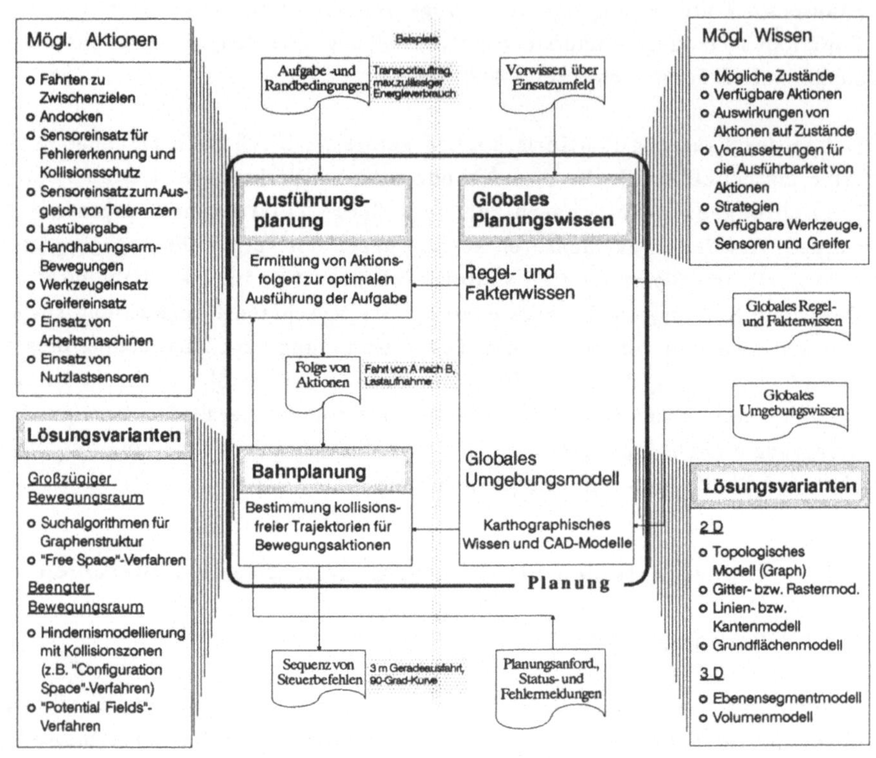

Abb. 4-2: ***Unterfunktionen und Lösungsansätze der Planungskomponente***

benötigt vor allem Regel- und Faktenwissen. Landkartenwissen wird hier allenfalls in Form von gerichteten und bewerteten Graphen abgerufen, deren Knoten Plätze und deren Kanten Verbindungswege zwischen den Plätzen darstellen. Dagegen ist das globale Umgebungsmodell mit seiner geometrischen Beschreibung des Bewegungsraumes die wichtigste Grundlage für die Bahnplanung.

Die Ausführungsplanung befindet sich zur Zeit noch im Stadium der Grundlagenforschung. Von zufriedenstellenden Lösungen oder sogar Lösungsalternativen kann nicht ausgegangen werden. Als bisher einzige relevante Realisierung in Verbindung mit mobilen Robotern ist das Planungssystem STRIPS für das Versuchsfahrzeug Shakey zu nennen /62/. Beachtenswerte Fortschritte haben Planungssysteme jedoch inzwischen in anderen Anwendungsbereichen erzielt. Eine Übersicht zu diesen Arbeiten gibt /63/ und /64/.

Die zur Zeit stärkste Forschungsaktivität im Bereich der Planung bei mobilen autonomen Robotern konzentriert sich auf die Bahnplanung. Die Verfahren der Bahnplanung unterscheiden sich grundsätzlich danach, ob das Roboterfahrzeug in einem großzügig bemessenen oder einem beengten Bewegungsraum operiert. Im ersten Fall kann die Umgebung durch ein topologisches Modell dargestellt werden, so daß sich die Routenwahl auf Suchalgorithmen für eine Graphen- oder Baumstruktur reduziert. Häufig eingesetzt werden der A*- und der Dijkstra-Algorithmus /65/. Im Fall von beengten Bewegungsräumen müssen die Fahrzeugeigenabmessungen als Kollisionszonen berücksichtigt werden. Die resultierenden Rechenverfahren sind jedoch wegen des enormen Rechenaufwands zur Zeit nicht einsetzbar. Eine vollständige Übersicht über Verfahren zur Planung kollisionsfreier Bahnen gibt /66/.

4.2.2 Ablaufsteuerung

Der Ablaufsteuerung obliegt die Koordinierung der Ausführung des von der übergeordneten Planung erstellten Plans. Dazu gehören der Aufruf paralleler Steuer-Prozeduren entsprechend den einzelnen Planschritten, die Überwachung der ordnungsgemäßen Ausführung durch Vergleich von Soll- und Istzustand sowie die Reaktion auf Fehlerzustände.

Von den 4 Unterfunktionen Betriebssystem, Interpreter, Ausführungs-Überwachung und Fehlerbehandlung sind die beiden ersten als notwendige Grundfunktionen mit dem gegenwärtigen Stand der Technik realisierbar. Dem Entwurf spezieller Systeme für die Anforderungen mobiler autonomer Roboter widmensich nur wenige Arbeiten /40/. Ein Spezialthema innerhalb des Betriebssystems stellt die Arbitrierung paralleler Steuerungsstrategien dar /19/.

Eine Ausführungs-Überwachung wurde bisher nur in wenigen Projekten realisiert. Neben der einfachen Methode des zyklischen Anhaltens mit einer statischen Überprüfung des Bewegungsfreiraums durch Sensormessungen wie zum Beispiel beim mobilen Roboter Microbe /20/, sind anspruchsvolle Verfahren bei Hilare /67/ realisiert und für KM2R /68/ konzipiert. Bei Hilare werden vor-

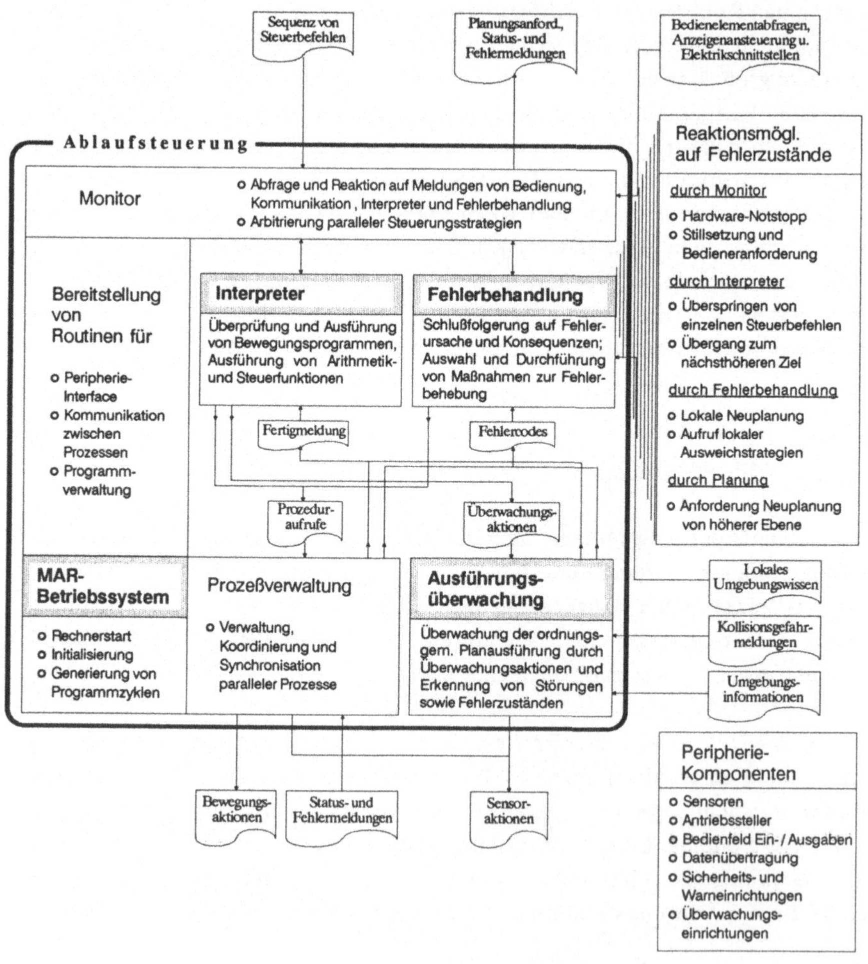

Abb. 4-3: Unterfunktionen der Ablaufsteuerung

bereitete Ausführungs-Pläne und Ausführungs-Modelle von der Planungskomponente an einen Zustands-Monitor der Ablaufsteuerung übergeben. Für KM2R ist ein Konzept mit Sensorplänen vorgesehen, die mit gezielten Sensoreinsätzen den Istzustand mit dem laut Modell erwarteten nächsten Zustand vergleichen und Abweichungen bewerten.

Für die Ausführungs-Überwachung und auch für die Fehlerbehandlung mit der Schlußfolgerung auf Fehlerursachen und -auswirkungen sowie der Entscheidung über die Auswahl von Gegenmaßnahmen bietet sich auch der Einsatz regelorientierter Verfahren an. Zur Fehlerbehandlung sind zur Zeit noch keine erwähnenswerten Arbeiten bekannt.

4.2.3 Bewegungssteuerung

Die von der Ablaufsteuerung vorgegebenen elementaren Bewegungsaktionen für die Fahrzeug-Plattform, wie z.B. Geradeausfahrt oder Kurvenfahrt, sind von der Bewegungssteuerung in einen zeitlichen Ablauf von Antriebs-Sollwerten zu deren Ausführung umzusetzen. Auf oberer Ebene wird durch eine Anzahl paralleler, auf einzelne Bahnformen spezialisierter Prozeduren eine kontinuierliche Bahn in kartesischen Koordinaten erzeugt. Diese Bahngenerierung kann entweder auf festen, mathematisch vorgegebenen Trajektorien oder auf einer Echtzeit-Auswertung von Sensorsignalen basierend erfolgen. Auf der unteren Ebene schließt sich eine Umsetzung in Motoransteuerungen unter Berücksichtigung der statischen und dynamischen Eigenschaften der Fahrwerkskinematik an.

Die Trajektorienberechnung erfolgte bei den ersten, jetzt bereits historischen mobilen Robotern wie Shakey und dem Cart der Stanford-University /43/ über eine Abschätzung der Einschaltdauern der Motoren. Die überwiegende Zahl der heutigen Projekte arbeitet mit einer einfachen Bahnsteuerung, die Linearabschnitte und Drehungen im Stand erlaubt. Einzelne Entwicklungen können darüber hinaus mit einer vollständigen Bahnsteuerung für Geraden- und Kreisbogenabschnitte Richtungsänderungen aus kontinuierlicher Fahrt heraus durchführen /98/. Dagegen existieren nur wenige Arbeiten, die in ihren Interpolationsbahnformen die tatsächlichen Verfahrmöglichkeiten der jeweiligen

Fahrwerkskinematik berücksichtigen. Für den MELDOG des japanischen MEL wurde ein Bahnfahralgorithmus entwickelt, der einem Dreiradfahrzeug durch frühzeitiges Ausschwenken das Erreichen des neuen Geradenabschnitts bereits im Schnittpunkt beider Geradenstücke ermöglicht /69/. Hilare verfährt auf Klothoiden-Abschnitten /70/, die jedoch nur für Fahrzeuge mit einer Differenz-Lenkung geeignet sind. Wichtige Beiträge zu dieser Problematik wurden von Kanayama /71/ erarbeitet.

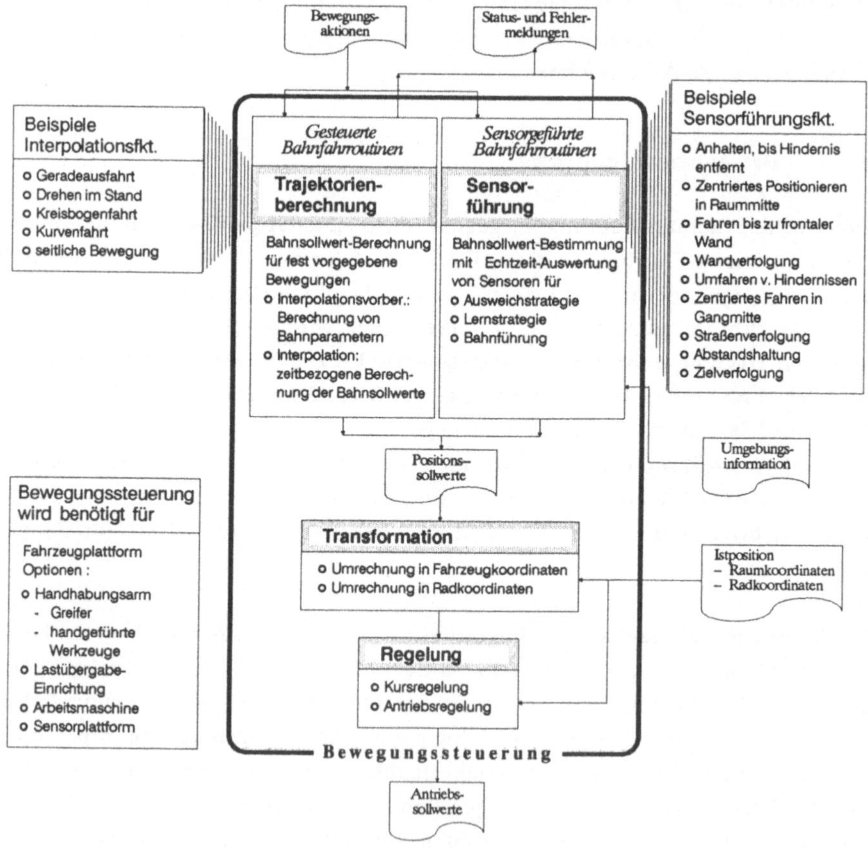

Abb. 4-4: Unterfunktionen der Bewegungssteuerung

Eine Trajektorienerzeugung durch direkte Sensorführung wurde bereits in einer Vielzahl von Forschungsarbeiten anhand von Spezialfällen demonstriert. Leistungsfähige Sensorführungs-Funktionen erfordern jedoch anspruchsvolle Algorithmen und einen hohen Aufwand an Rechenzeit. Die größte Bedeutung hat die direkte Sensorführung bei der automatischen Steuerung von Straßenfahrzeugen. Bei Projekten mit einem detaillierten Umgebungsmodell wird die Sensorführung vorwiegend zum Umfahren unbekannter, plötzlich auftretender Hindernisse und für das Erkunden unbekannter Räume vorgesehen.

Aufwand und Lösungsweg für die Transformation von kartesischen Koordinaten in antriebsbezogene Achskoordinaten sind abhängig von der Fahrwerkskinematik. In /72/ ist eine Systematik für die Beschreibung von Fahrwerkskinematiken von mobilen Robotern mit Radsystemen enthalten.

In Hinsicht auf die Regelung von mobilen Robotern auf den vorgegebenen Bahnen sind im Sinne der Funktionserfüllung die bei induktiv geführten Flurförderzeugen verwendeten Regelungsverfahren völlig ausreichend. In /47/ werden Erfahrungen mit einer derartigen Regelungsstruktur dargestellt. Eine Verbesserung durch den Einsatz eines Zustandsreglers beschreibt /73/.

4.2.4 Umgebungserfassung

Die Umgebungserfassung stellt den Bezug zwischen den Informationen von Sensoren einerseits sowie dem Umgebungsmodell andererseits her und leitet daraus Daten für die Bewegungssteuerung ab. Damit ist sie das Bindeglied zwischen Sensoren und Bewegungssteuerung. Es lassen sich die acht in Abb. 4-5 dargestellten Unterfunktionen unterscheiden.

Sensor-Koordinatentransformation und Lageerfassung sind von fahrwerksabhängigen Algorithmen geprägt, deren Entwicklung im Einzelfall aufwendig werden kann, jedoch technisch lösbar ist. Die Gefahrenzonen-Überwachung ist die der Ausführungsüberwachung in der Ablaufsteuerung unterlagerte Echtzeitkomponente zur Gewährleistung des Kollisionsschutzes.

Eine Sensordatenfusion zur Verdichtung der Eingangssignale mehrerer Sensoren zu einer gemeinsamen Information ist zwar nicht in jedem Fall erforderlich, stellt jedoch zur Zeit einen interessanten theoretischen Forschungsschwerpunkt dar. Einsatz kann sie für die Ergänzung der Daten zueinander komplementärer Sensoren, für die gegenseitige Überprüfung zueinander redundanter Sensoren oder für die Verbesserung unsicherer Signale finden. Bisher sind keine derartigen Systeme auf mobilen autonomen Robotern implementiert; eine fortgeschrittene Struktur ist in /74/ beschrieben. Ein Überblick zu dieser Thematik ist in /8/ enthalten.

Einen Kernpunkt und gleichzeitig den für die technische Machbarkeit kritischsten Punkt stellt die Umgebungs-Modellierung mit den Unterfunktionen Korrespondenzfindung, Modell-Verwaltung und Modell-Auswertung dar. Eine Umgebungs-Modellierung ist in vielen Forschungsprojekten geplant, doch nur sehr selten realisiert worden. Als wichtige Beispiele können stellvertretend /43/ und /35/ genannt werden. Unabhängig von der Modellstruktur bedeuten die Zuordnung von Sensorinformationen zum Modell, die Modell-Aktualisierung und die gezielte Suche bei der Modell-Auswertung einen technischen und zeitlichen Aufwand, der selbst bei stark eingeschränkter Allgemeinheit der zulässigen Umgebungsstruktur nicht tragbar ist. Insgesamt muß betont werden, daß zu diesem Punkt zur Zeit noch keine zufriedenstellende und einsatztaugliche Lösung existiert.

Während einige Unterfunktionen für den Betrieb eines mobilen autonomen Roboters nicht unbedingte Voraussetzung sind, stellt die Lagedifferenz-Korrektur eine der wesentlichen Grundfunktionen dar. Selbst die Umgebungsmodellierung dient häufig nur mittelbar der Bereitstellung von Daten hierzu. Da die Koppelnavigation aufgrund der Drift als alleiniges Verfahren der Fahrzeugpositionsbestimmung nicht in Frage kommt, muß die Lagedifferenz-Korrektur

Abb. 4-5: *Unterfunktionen und Lösungsansätze der Umgebungserfassung (Abbildung rechts)*

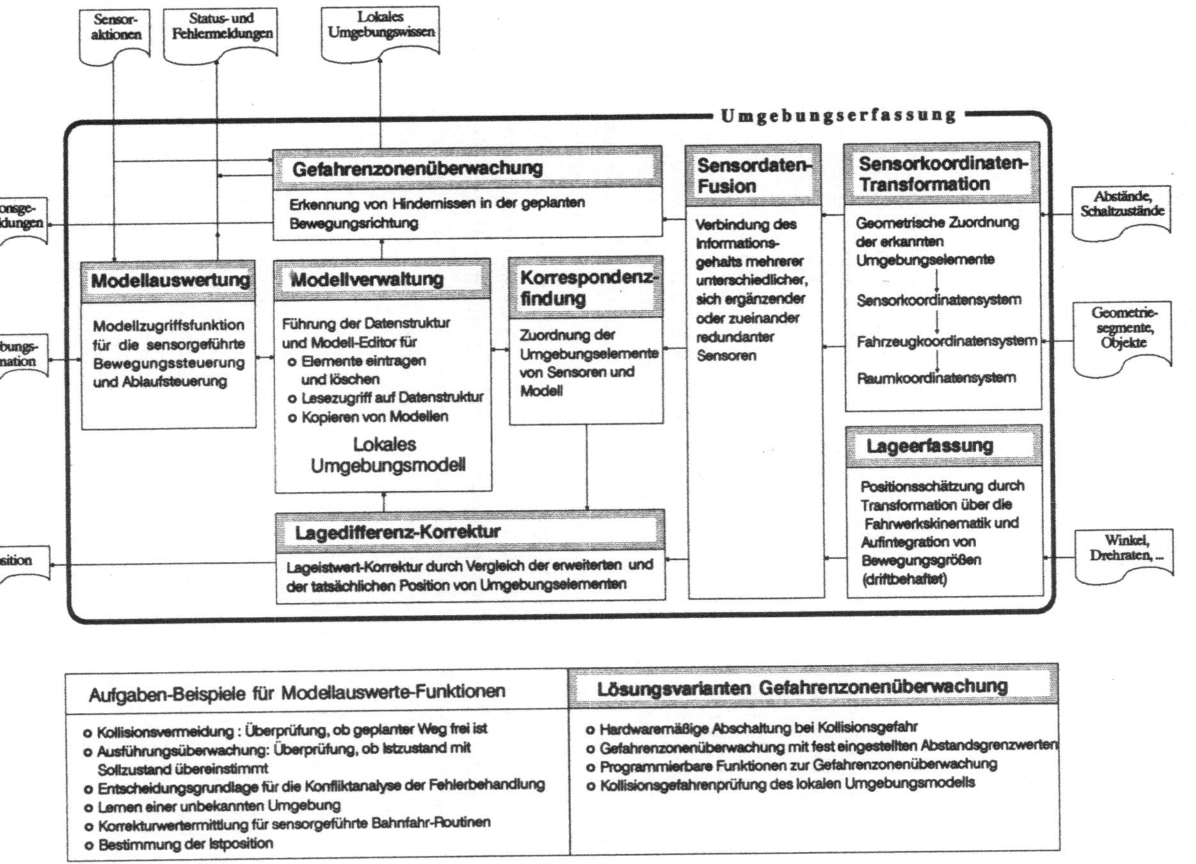
Sensor-
aktionen
Status- und
Fehlermeldungen
Lokales
Umgebungswissen
Umgebungserfassung
Gefahrenzonenüberwachung
Erkennung von Hindernissen in der geplanten Bewegungsrichtung
Sensordaten-Fusion
Verbindung des Informations-gehalts mehrerer unterschiedlicher, sich ergänzender oder zueinander redundanter Sensoren
Sensorkoordinaten-Transformation
Geometrische Zuordnung der erkannten Umgebungselemente
Sensorkoordinatensystem
Fahrzeugkoordinatensystem
Raumkoordinatensystem
Abstände,
Schaltzustände
Geometrie-
segmente,
Objekte
Kollisionsge-
fahrmeldungen
Modellauswertung
Modellzugriffsfunktion für die sensorgeführte Bewegungssteuerung und Ablaufsteuerung
Modellverwaltung
Führung der Datenstruktur und Modell-Editor für
o Elemente eintragen und löschen
o Lesezugriff auf Datenstruktur
o Kopieren von Modellen
Lokales
Umgebungsmodell
Korrespondenz-findung
Zuordnung der Umgebungselemente von Sensoren und Modell
Umgebungs-
information
Lageerfassung
Positionsschätzung durch Transformation über die Fahrwerkskinematik und Aufintegration von Bewegungsgrößen (driftbehaftet)
Lagedifferenz-Korrektur
Lageistwert-Korrektur durch Vergleich der erweiterten und der tatsächlichen Position von Umgebungselementen
Istposition
Winkel,
Drehraten, ...
Aufgaben-Beispiele für Modellauswerte-Funktionen
o Kollisionsvermeidung : Überprüfung, ob geplanter Weg frei ist
o Ausführungsüberwachung: Überprüfung, ob Istzustand mit Sollzustand übereinstimmt
o Entscheidungsgrundlage für die Konfliktanalyse der Fehlerbehandlung
o Lernen einer unbekannten Umgebung
o Korrekturwertermittlung für sensorgeführte Bahnfahr-Routinen
o Bestimmung der Istposition
Lösungsvarianten Gefahrenzonenüberwachung
o Hardwaremäßige Abschaltung bei Kollisionsgefahr
o Gefahrenzonenüberwachung mit fest eingestellten Abstandsgrenzwerten
o Programmierbare Funktionen zur Gefahrenzonenüberwachung
o Kollisionsgefahrenprüfung des lokalen Umgebungsmodells

den absoluten Bezug zur Umgebung herstellen. Hierzu sind die folgenden Verfahren bekannt:

- Der integrierende Bildfolgen-Vergleich mit schrittweiser Bestimmung des relativen Verfahrweges zwischen 2 aufgenommenen Bildern der gleichen Szene wurde in /43/ realisiert. Durch das integrierende Prinzip besteht jedoch wiederum die Gefahr von Driftfehlern.

- Die Positionsbestimmung durch vollständige Korrelation zwischen Modell und Sensordaten bietet zwar den Vorteil einer absoluten Positionsbestimmung an jeder beliebigen Stelle, ist jedoch mit einem extremen Rechenaufwand verbunden.

- Als Optimum zwischen Funktionserfüllung und technischem Aufwand empfiehlt sich die Verbindung einer vergleichsweise einfach zu realisierenden Koppelnavigation mit einer Sensorstützung an durch die Koppelnavigation bereits grob bekannten Stellen im Umgebungsmodell. Neben der für anspruchsvollere Anwendungen nicht zufriedenstellenden Stützung an zu installierenden Kalibrierstationen kann entweder ein stützpunktweiser Vergleich oder ein permanenter Vergleich von Sensordaten und Modell erfolgen. Ersteres wird in einem Projekt der Firma Hitachi angewandt, wobei ein dem Modell entnommenes Vorausschätzungsbild mit dem tatsächlichen Kamerabild verglichen wird /75/. Der zweite Weg eines kontinuierlichen Vergleichs wurde von der Carnegie Mellon University/ USA beschritten /35/.

4.2.5 Lernkomponente

Generell gibt es 2 Möglichkeiten, das globale Umgebungsmodell mit Vorwissen zu füllen. Neben der direkten Eingabe über die Mensch-Maschine-Schnittstelle besteht auch die Möglichkeit der Umgebungs-Erkundung durch die Sensoren des Roboters. Im zweiten Fall erzeugt die Lernkomponente eine Erkundungs-Bewegung und setzt die währenddessen mittels der Sensoren im lokalen Umgebungsmodell gesammelten Daten in eine für das globale Modell geeignete Struktur um (Abb. 4-6).

Die Forschung befindet sich auf diesem Gebiet noch in den Anfängen. Unter den wenigen Realisierungen einfacher Lernverfahren für mobile Roboter sind die Projekte Hilare /76/ und Microbe /20/ hervorzuheben. Theoretisch ist auch das Lernen von Regelwissen denkbar.

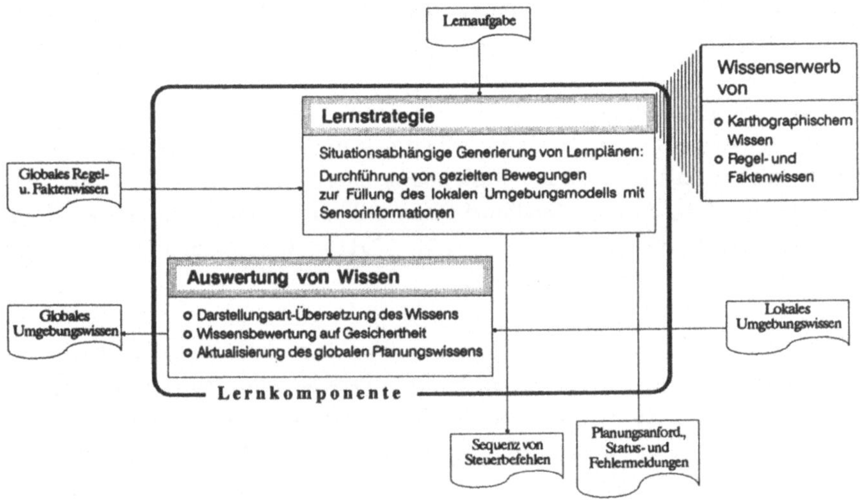

Abb. 4-6: Unterfunktionen der Lernkomponente

4.3 Steuerungsarchitekturen

Für die Beschreibung einer Steuerungsstruktur ist neben den Lösungswegen für Funktionen und Unterfunktionen die Anordnung dieser Komponenten, die Steuerungsarchitektur, der zweite wichtige Faktor. Eine Übersicht über Steuerungsstrukturen bzw. Anordnungsvarianten von Steuerungsfunktionen für unterschiedliche mobile Roboter-Projekte ist in /64/ enthalten. Eine Analyse nach unterschiedlichen Ansätzen folgt nachstehend.

Die meisten Steuerungsstrukturen sind hierarchisch strukturiert. Einen abstrakten hierarchischen Entwurf mit 3 parallelen Pfaden für Aufgaben-Dekomposition, Umgebungs-Modellierung und Sensordatenverarbeitung auf mehreren Ebenen beschreibt /77/. In /78/ wird diese Struktur für das Projekt KM2R funktional detailliert. Ein weiterer Ansatz unterscheidet in seinem Strukturentwurf die 4 hierarchischen Ebenen Planung, Navigation, Pilot und Steuerung /79/ mit einer Erweiterung zu einer geschachtelten Hierarchie in /80/. An den genannten 4 Ebenen orientieren sich insbesondere viele amerikanische Projekte. Eine weitere wichtige Gruppe stellen Steuerungsarchitekturen mit verteilten, unabhängig voneinander arbeitenden Verarbeitungsmodulen, die über ein sogenanntes Blackboard als gemeinsame Datenbasis miteinander verbunden sind. Ein Beispiel hierfür bietet das Navlab /81/ der Carnegie Mellon University, USA. Beim Ground Surveillance Robot des NOSC/USA wird sogar ein System mit verteilten Blackboards /82/ eingesetzt.

Während die meisten Steuerungsstrukturen Funktionseinheiten gliedern, orientieren sich alternative Konzepte an Verhaltensweisen des Roboters. Beispiele hierfür sind das Steuerungssystem des Yamabiko der University of Tsukuba/ Japan /83/ und die "Subsumption Architekture" des MIT /84/. Das letztere Konzept ist sogar in der Lage, kombinierte Verhaltensweisen zu verwalten.

5 Konzept-Entwicklung

In den beiden vorausgehenden Kapiteln der Analyse wurden die Teilsysteme Sensorik und Steuerung in ihre elementaren Funktionen zerlegt sowie die möglichen Lösungsansätze für die Einzelfunktionen zusammengestellt. Auf Basis der Anforderungen des Lastenheftes generiert die Synthese aus diesen Bausteinen eine neue Sensor- und Steuerungsstruktur für die leitlinienlose Führung automatischer Flurförderzeuge. Dabei wird in den folgenden Schritten vorgegangen:

- Auswahl der entsprechend dem Lastenheft erforderlichen Einzelfunktionen,
- Bewertung der Einzelfunktionen hinsichtlich der Realisierbarkeit der Lastenheftanforderungen mit bekannten Lösungsansätzen,
- Neuentwicklung von Lösungen für kritische, bisher nicht realisierbare Einzelfunktionen,
- Auswahl der optimalen Lösung für die weiteren Einzelfunktionen,
- Konzeption der optimalen Anordnung der Einzelfunktionen untereinander zu einem Gesamtsystem.

5.1 Auswahl und Bewertung der Funktionseinheiten

Die Auswahl der erforderlichen Einzelfunktionen von Sensorik und Steuerung sowie die Einstufung der technischen Lösbarkeit hinsichtlich der Lastenheftanforderungen für die leitlinienlose Führung von Flurförderzeugen ist in Abb. 5-1 dargestellt.

Auf eine Lernkomponente mit Lernstrategie und Wissensauswertung kann verzichtet werden, da eine Eingabe des Fahrkurs-Layouts als a priori Wissen für Flurfördersysteme zulässig ist. Unter der Voraussetzung, daß es gelingt, die Umgebungserkennung mit gezielt eingesetzten und spezialisierten Sensoren

	Funktionen	Nicht erforderlich	Option für spätere Erweiterung	Realisierbar nach Stand der Technik	z.T. anspruchsvolle aber realisierbare Algorithmentwicklung	Variantenauswahl unter bekannten Lösungsalternativen	Entwicklung neuer Lösungskonzepte	Kritische, ungelöste Schwachstellen Suche nach neuen Ansätzen
		Einstufungskriterium: LASTENHEFT-ANFORDERUNGEN						
	Klassen der technischen Lösbarkeit	**N**	**O**	**S**	**A**	**V**	**E**	**K**
STEUERUNG	**Planung**							
	Ausführungsplanung						✕	
	Bahnplanung			✕				
	Globales Planungswissen						✕	
	Ablaufsteuerung							
	MAR-Betriebssystem			✕				
	Interpreter			✕				
	Fehlerbehandlung		✕				(✕)	
	Ausführungsüberwachung		✕				(✕)	
	Bewegungssteuerung							
	Trajektorienberechnung				✕			
	Sensorführung		✕				(✕)	
	Transformation				✕			
	Regelung			✕				
	Umgebungserfassung							
	Sensor-Koordinaten-Transform.				✕			
	Lageerfassung				✕			
	Sensordaten-Fusion	✕						
	Gefahrenzonen-Überwachung			✕				
	Korrespondenzfindung							✕
	Modell-Verwaltung							✕
	Modell-Auswertung	✕						
	Lagedifferenz-Korrektur				✕			
	Lernkomponente							
	Lernstrategie	✕						
	Wissensauswertung	✕						
SENSORIK	**Positionsbestimmung**					✕		
	Umgebungserkennung							✕
	Kollisionsschutz					✕		

Abb. 5.1: ***Bewertungsmatrix für die Funktionen des Sensor- und Steuerungssystems bzgl. Notwendigkeit und Realisierbarkeit***

durchzuführen, kann auf eine Sensordaten-Fusion verzichtet werden. Eine Modellauswertung ist für die grundlegenden Sensoraufgaben Lagedifferenz-Korrektur und Kollisionsschutz nicht erforderlich, sondern dient vorwiegend höheren Autonomiefunktionen, die im vorliegenden Fall nicht gefordert sind oder einfacher realisiert werden können. Die Funktionen Fehlerbehandlung, Ausführungsüberwachung und Sensorführung sind optionale Erweiterungen der Grundfunktionen. Ihre Lösungskonzepte und Einbindungsmöglichkeiten in das Gesamtsystem werden getrennt beschrieben.

Bei einigen Funktionsblöcken kann von einer Realisierbarkeit entsprechend dem Stand der Technik ausgegangen werden. Die funktionalen Anforderungen an MAR-Betriebssystem und Interpreter entsprechen Teilmengen des Funktionsumfangs üblicher Rechner-Betriebssysteme und Hochsprachen. Beide sind speziell auf die Anforderungen mobiler autonomer Roboter hin zu konzipieren. Bei der Regelung, auf unterer Ebene, bestehen keine prinzipiellen Unterschiede zu denjenigen heutiger FTS-Fahrzeuge.

Die beiden zentralen, kritischen Schwachpunkte, für die bisher noch keine zufriedenstellenden Lösungen existieren, sind erstens die Umgebungsmodellierung einschließlich Korrespondenzfindung und Modell-Verwaltung sowie zweitens die Umgebungserkennung.

5.2 Lösungsentwicklung für kritische Konzeptpunkte

5.2.1 Auswahl des Navigationsprinzips

Angesichts der Forderung nach einem reinen internen Navigationsprinzip stehen gemäß Kapitel 2.1.2 Verfahren der Koppelnavigation, der Umgebungserkennung oder deren Kombination zur Verfügung.

Koppelnavigation als alleiniges Verfahren ist aufgrund des zugrundeliegenden Prinzips der Aufintegration inkrementeller Bewegungsgrößen immer mit Driftfehlern behaftet. Lediglich die Verfahrdistanz, die innerhalb vorgegebener Genauigkeits-Toleranzen überbrückbar ist, kann durch hohen gerätetechnischen Aufwand vergrößert werden. Insgesamt ist die Koppelnavigation nicht als alleiniges Navigationsverfahren für Flurförderzeuge einsetzbar /85/ , liefert aber bereits mit einfachen Mitteln eine kostengünstige Positionsschätzung über begrenzte Verfahrdistanzen /98/.

Die Navigation durch Umgebungserkennung, d.h. durch den Vergleich von Vorwissen über die Einsatzumgebung mit aktuellen Sensormessungen konnte bisher nur für vereinfachte Umgebungsstrukturen mit einer begrenzten Anzahl geometrischer Elemente bewältigt werden. Bereits dabei wird ein extremer Aufwand an Rechenzeit und Rechnerkapazität für Modellspeicherung, Datenzugriff, Korrespondenzfindung und Modell-Aktualisierung erforderlich. Eine Navigation durch Umgebungserkennung in Echtzeit und in einer beliebigen Fertigungsumgebung als alleiniges Verfahren ist zur Zeit technisch nicht realisierbar. Dagegen erscheint die Durchführung stützpunktweiser Umgebungsvergleiche in günstig strukturierten Umgebungs-Situationen realisierbar. Ein entscheidender Vorteil ist der absolut messende Charakter der Positionsbestimmung.

Es bietet sich eine durch Umgebungserkennung gestützte Koppelnavigation an, da hier die Vorteile beider sich ergänzender Verfahren genutzt werden. Einerseits wird eine kostengünstige, permanente Positionsbestimmung durch Koppelnavigation ermöglicht, deren erforderliche Reichweite durch absolut messende Umgebungserkennung gering gehalten werden kann. Andererseits muß die Umgebungserkennung lediglich stützpunktweise erfolgen.

Der Umgebungsvergleich kann permanent, punktuell oder lediglich an Lastübergabe-Stationen erfolgen. Bei einem permanten Umgebungsvergleich wird ein unnötig hoher und redundanter Aufwand getrieben, der auf ähnliche technische Grenzen stößt wie eine ausschließlich auf Umgebungserkennung basierende Navigation. Die Korrektur lediglich an Lastübergabe-Stationen ist ein einfacher und praktikabler Ansatz, wenn zwischen den Lastübergabe-Stationen lediglich kurze Distanzen zu überbrücken sind. Für allgemeine Anwendungen von Flurförderzeugen ist dieser Ansatz jedoch nicht ausreichend.

In Anbetracht der vorstehenden Gründe fällt die Entscheidung auf eine durch punktuelle Umgebungserkennung gestützte Koppelnavigation. Es bleibt jedoch ein offenes Problem, für das eine Lösung zu finden ist: die Stützpunkt-

Messungen sollten an günstig strukturierten Umgebungsabschnitten durchgeführt werden. In einer realen Fertigungsumgebung kann bei konstanten Verfahrdistanzen zwischen den Stützpunkt-Messungen entlang der Fahrrouten hiervon jedoch nur in Ausnahmefällen ausgegangen werden.

5.2.2 Umgebungsmodellwissen und Korrespondenz-Findung

Die Art der Speicherung von Umgebungs-Modellwissen sowie die Korrespondenzfindung zwischen diesem Modellwissen und aufgenommenen Sensordaten sind grundlegende Merkmale und Schlüsselkomponenten für mobile autonome Roboter. Gleichzeitig sind sie die kritischen Engpässe bei der technischen Realisierung hinsichtlich Rechenzeitbedarf, Rechnerkapazität bzw. Rechnerkosten und hinsichtlich der Bewältigung realer Fertigungsumgebungen.

Die technische Aufgabenstellung führt auf zwei Arten von unterschiedlichen Umgebungsmodellen: ein globales Umgebungsmodell mit einem Schwerpunkt bei Strukturdaten für die Planung von Aufgabenausführung und Fahrtrouten sowie ein lokales Umgebungsmodell, welches detaillierte CAD-Daten der Umgebung enthält und in Echtzeit mit aktuellen Sensordaten verglichen sowie ggfs. aktualisiert wird.

Das lokale Umgebungsmodell bildet die eigentliche Schwachstelle bei der Lösungsfindung und sollte deshalb auf den minimalen, unbedingt erforderlichen funktionellen Umfang begrenzt oder möglichst sogar durch andere Lösungen umgangen werden. Hierzu sind zunächst die durchzuführenden Aufgaben, für welche lokales Umgebungswissen eingesetzt wird und anschließend die für die Durchführung dieser Aufgaben tatsächlich benötigten Daten zu analysieren.

Lokales Umgebungswissen kann für die folgenden Aufgaben eingesetzt werden:

- Positionsbestimmung durch Umgebungsvergleich,

- Kollisionsschutz,

- lokale Bewegungsbahn- Umplanung,

- sensorgeführte Bahnfahrfunktionen.

Während für den Kollisionsschutz bei den vorliegenden Anforderungen eine direkte Sensorauswertung völlig ausreichend ist und für die optionalen Funktionen Fehlerbehandlung durch lokale Umplanung sowie Sensorführung von der Verfügbarkeit anderer Lösungsansätze ausgegangen werden kann, ist lokales Umgebungswissen für die Positionsbestimmung durch Umgebungsvergleich unverzichtbar.

In Bezug auf die Positionsbestimmung lassen sich die Anforderungen an das Umgebungswissen wie folgt reduzieren:

- Für Flurförderzeug-Anwendungen ist die Umgebungsmodellbildung als Projektion auf eine Ebene mit den Freiheitsgraden X,Y,C ausreichend.

- Bei punktweise gestützter Koppelnavigation ist ein Modellwissen nur an den Stützpunkten erforderlich.

- Das für die Stützung herangezogene Umgebungselement muß für eine vollständige Positionsbestimmung minimal die Ermittlung der Fahrzeug-Relativposition in drei Koordinaten ermöglichen. Im Extremfall sind damit für jeden Stützpunkt die implizite Annahme einer geometrischen Grundform sowie die Vorgabe von drei analogen Koordinaten-Werten als Modellwissen ausreichend.

- Eine Modellaktualisierung ist nicht erforderlich, wenn für den Umgebungsvergleich feststehende und für einen gewissen Zeitraum unveränderbare Objekte ausgewählt werden.

Basierend auf der Forderung des Navigationsprinzips nach Durchführung der Stützpunktmessungen an einfach strukturierten Umgebungsabschnitten bei gleichzeitiger Einsetzbarkeit in realen Fertigungsumgebungen, ergeben sich die folgenden Überlegungen als Lösungsansatz:

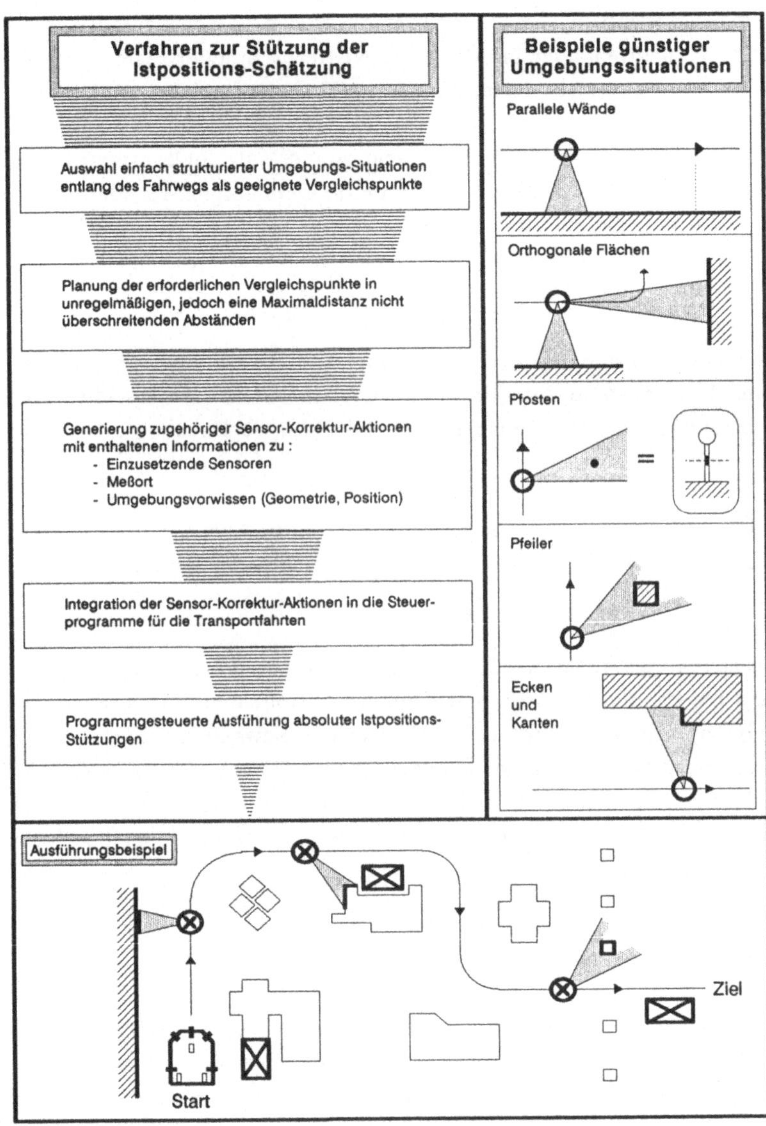

Abb. 5.2: ***Lösungsweg für die Korrespondenzfindung zwischen Umgebungs-Vorwissen und Sensormessungen durch vorausgeplante Sensor-Korrektur-Aktionen mit enthaltener Umgebungsinformation***

- Keine reale Fertigungsumgebung besteht nur aus einfach strukturierten Umgebungselementen, aber in der Praxis existieren in jeder realen Fertigungsumgebung einzelne einfach strukturierte Umgebungselemente.

- Die Stützpunktmessungen müssen nicht zwangsläufig in konstanten Abständen erfolgen, sondern können gezielt in unregelmäßigen Abständen, aber an ausgewählten einfach strukturierten Umgebungs-Abschnitten erfolgen, wobei lediglich eine Maximaldistanz zwischen zwei Messungen nicht überschritten werden sollte.

- Das auf ein Minimum an den Vergleichspunkten reduzierte Umgebungswissen kann anstelle der Form eines CAD-Modells auch als Parameter in programmgesteuerten Sensoreinsatz-Befehlen in Form von Erwartungsmustern enthalten sein.

Als Ergebnis führen diese Überlegungen auf den in Abb. 5-2 dargestellen Lösungsweg für die Korrespondenzfindung zwischen Vorwissen und Sensormessungen.

Die Stützpunktmessungen werden anhand des globalen Umgebungsmodells parallel zur Bahnplanung als Sensor-Korrektur-Aktionen mit enthaltenem Umgebungswissen vorgeplant und auf der Ebene des Bewegungsprogramms umgesetzt. Auf diese Weise kann der stützpunktweise Umgebungsvergleich in einer realen Fertigungsumgebung, in Echtzeit und zu wirtschaftlich vertretbaren Kosten erfolgen. Es werden allerdings erhöhte Anforderungen an die Planungskomponente gestellt.

5.2.3 Sensorik zur Umgebungserkennung

Ein weiteres zentrales Element mobiler autonomer Roboter sind Sensoren zur Umgebungserkennung, deren Aufgabe in der Umgebungsbild-Aufnahme und der Extraktion von nach Geometrie und Relativposition bestimmbaren Umgebungssegmenten liegt. Mit steigenden Anforderungen an die Auflösung der Umgebungsabbildung steigen die Kosten für Bildaufnehmer und Sensordatenverarbeitungsrechner stark an. Gleichzeitig führt der Zeitbedarf für die Bildaufnahme und besonders für die Rechenzeit der Umgebungssegment-Extraktion an technische Grenzen.

Die folgenden Überlegungen bilden den Ansatz für das Sensorkonzept:

- Häufig werden mit hohem Geräteaufwand umfangreiche Bilddatenmengen aufgenommen und anschließend mit hohem Rechenaufwand auf den eigentlich benötigten Informationsgehalt reduziert. Durch eine auf die Aufgabe zugeschnittene Sensorik sollte die Datenaufnahme auf den minimal für die Ableitung der benötigten Information erforderlichen Umfang begrenzt werden.

- Letztendlich dienen die von den Sensoren gelieferten Informationen der Bestimmung einer Fahrzeug-Relativposition in drei Freiheitsgraden. Bei konsequenter Auswertung sind dazu bereits drei eindimensionale, zueinander nicht redundante Meßgrößen gegenüber einem einzigen in Geometrie und Absolutlage bekannten Umgebungssegment ausreichend.

- Ob eine Umgebungs-Situation für Stützpunktmessungen geeignet strukturiert ist, hängt von der Art der eingesetzten Sensorik ab. Die Auswahl der Umgebungs-Strukturen für die Stützpunktmessungen können bei der Konzeption des Sensorprinzips damit als freier Parameter mit einbezogen werden, sofern sie in ausreichender Anzahl in Fertigungsumgebungen zur Verfügung stehen.

Ein vollständiges Sensorkonzept für die Umgebungserfassung umfaßt damit die Festlegung von Anordnungsvariante, physikalischem Meßprinzip und zugehörigen Umgebungs-Situationen.

Unter Zugrundelegung der Anordnungsvarianten für Umgebungserkennungs-Sensoren aus Kapitel 3 erfolgt die Erfassung der minimal erforderlichen drei eindimensionalen Meßgrößen am einfachsten durch Abstandsmessungen entweder als Mehrfachanordnung oder als Einzelsensor unter Ausnutzung der Fahrzeug-Eigenbewegung. Die Ableitung der drei Abstandswerte aus einem 2D-System ist sowohl von der Gerätetechnik als auch der Sensordatenverarbeitung her aufwendiger als drei einzelne Abstands-Sensoren. Ein Ansatz über die eindimensionalen Meßgrößen Objektbreite, Winkel und laterale Position führt ebenfalls auf den Umweg der Ableitung aus 2D-Signalen.

Das einzusetzende physikalische Abstands-Meßprinzip ist abhängig vom Meßbereich und der geforderter Genauigkeit /86/. Bei der Ausführung von Transportaufgaben ist für die Einhaltung der Fahrbahn bereits eine mäßige Genauigkeit der Sensoren ausreichend. Lediglich beim Andocken an Lastübergabe-Stationen wird eine hohe Genauigkeit benötigt. Dagegen ist für die Durchführung des Umgebungsvergleichs zur Kurskorrektur ein größerer Meßbereich notwendig, da die Entfernung geeigneter Umgebungs-Situationen zur Fahrbahn nicht zu stark eingegrenzt werden soll, während für das Andocken ein kleiner Meßbereich zu den anzufahrenden Stationen ausreicht. Es bietet sich hier eine Kombination zweier sich ergänzender Systeme für die Aufgaben Kurskorrektur und Andocken an.

Für die großen Meßbereiche der Kurskorrektur-Sensoren bei mäßigen Genauigkeitsanforderungen sind Ultraschallsensoren technisch geeignet und von der Kostenseite her mit Abstand die günstigste Lösung. Für die hohe Genauigkeit des Andockens bei relativ kleinem Meßbereich sind optische Sensoren nach dem Triangulationsverfahren günstiger.

Die einfachste Zuordnung von Umgebungs-Situationen und Abstandsmessungen ist die Abstandsmessung auf in etwa orthogonal zur Meßrichtung stehende Wandabschnitte, da eine direkte entkoppelte Zuordnung der Meßwerte zu Größen im Fahrzeugkoordinaten-System ermöglicht wird.

Die Verwendung einer Mehrfachanordnung von Abstandssensoren ermöglicht Umgebungsvergleiche vom stehenden Fahrzeug aus, wie es u.a. für die Einrichtung am Startpunkt bei der Inbetriebnahme erforderlich ist. Mit 2 Sensoren an einer Fahrzeugseite und einem rechtwinklig dazu stehenden Sensor kann eine Erfassung der beiden Positionswerte und der Fahrzeugorientierung in Fahrzeugkoordinaten erfolgen. Um für Stützpunkt-Messungen geeignete Umgebungs-Situationen zu beiden Seiten des Fahrzeugs ausnutzen zu können, bietet es sich an, auch die zweite Fahrzeugflanke mit Sensoren zu bestücken.

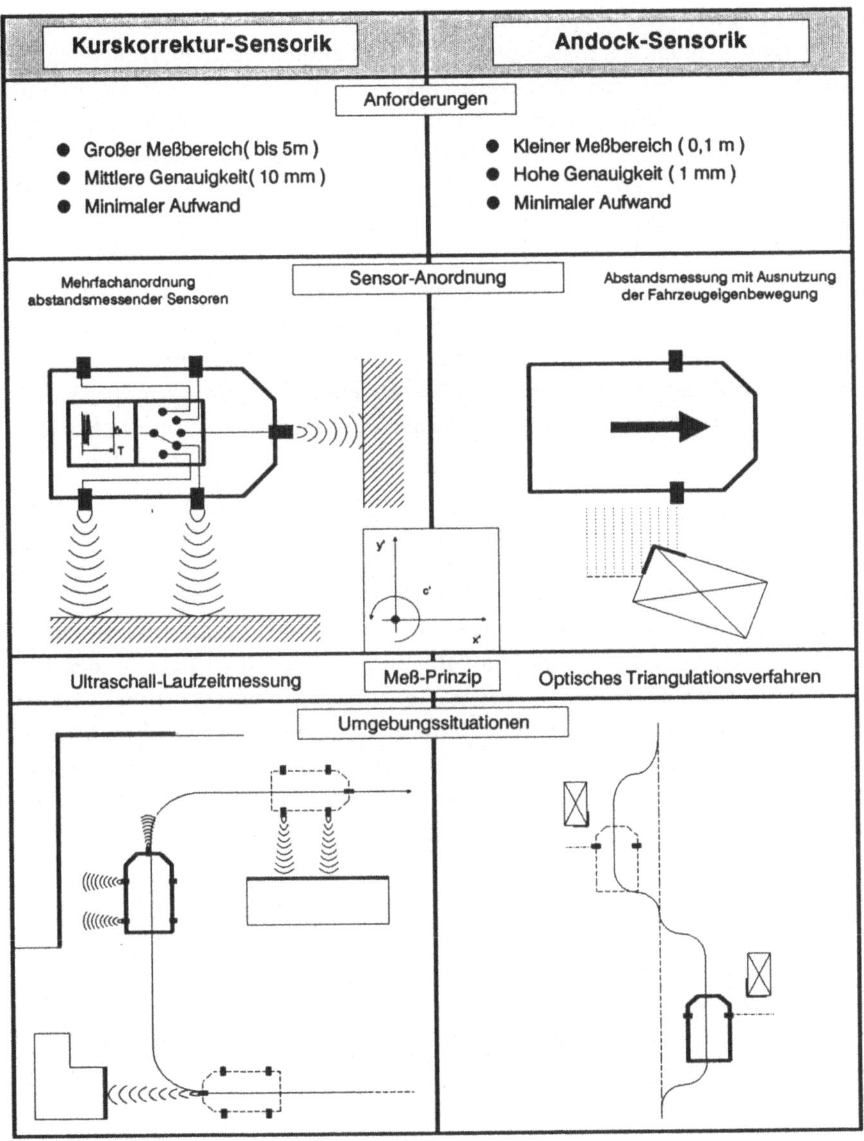

Abb. 5-3: Lösungskonzept einer zweistufigen Sensorik zur Umgebungserfassung

Kurze, zur Fahrbahn annähernd orthogonal ausgerichtete Wandabschnitte finden sich in jeder Fertigungsumgebung. Maschinenverkleidungen, Steuerschränke, Meisterkabinen, Werkzeugschränke und Bearbeitungskabinen sind typische Beispiele neben freien Abschnitten der Hallenwand. Breite und Höhe der Wandabschnitte müssen derart bemessen sein, daß sie einerseits für die Sensoren des Fahrzeugs auch unter ungünstigsten Toleranzbedingungen erreichbar sind, und daß sich andererseits keine Störkanten benachbarter Objekte im Erfassungskegel der Ultraschallsensoren befinden. Es sollten bevorzugt fest installierte Objekte verwendet werden, die nur selten umgestellt oder verändert werden. Die Auswahl von nahe an den Fahrwegen gelegenen Flächen verringert die Gefahr, verstellt zu werden und damit die Vergleichstoleranzen der Sensoren zu überschreiten, erheblich. Die Vergleichsmessungen nach vorne, zur Seite und für die Fahrzeugorientierung können sowohl einzeln für die Korrektur einzelner Koordinatenwerte als auch gemeinsam duchgeführt werden.

Für das Andocken an Lastübergabe-Stationen ist immer eine Fahrzeugbewegung erforderlich. Aus diesem Grunde kann hier zur Senkung der Sensorkosten eine mehrfache Abstandsmessung eines einzelnen Sensors unter Ausnutzung der Fahrzeug-Eigenbewegung erfolgen. Die einfachste Umgebungs-Situation für eine 3D-Korrektur ist in diesem Falle eine rechtwinklige Ecke an der Außenkante der Lastübergabestation. Über die laterale Kantenposition, den direkten Abstand und die Abstandsänderung über mehrere Messungen können alle Koordinaten bestimmt werden /87/. Sollen Lastübergabe-Stationen von mehreren Übergaberichtungen aus angefahren werden, sind Sensoren am vorderen Ende beider Fahrzeugflanken erforderlich.

Die Kosten für die Ultraschall-Sensorik können über die Tatsache hinaus, daß es sich um das mit Abstand kostengünstigste Verfahren der Abstandsmessung für große Entfernungen handelt, durch ein Multiplex-Verfahren, bei dem die Wandlerköpfe auf eine gemeinsame Auswerteelektronik umgeschaltet werden, noch weiter verringert werden. Das Multiplexen bietet sich auch deshalb an, weil zur Vermeidung gegenseitiger Beeinflussung ohnehin innerhalb der Laufzeit eines Schallechos nur ein Ultraschallwandler bzw. eine Wandlergruppe senden darf.

5.3 Konzeption ergänzender zentraler Funktionen

5.3.1 Auswahl der Sensorik zur Positionsbestimmung

An die Sensoren zur unterlagerten Positionsbestimmung aus internen Bewegungsgrößen müssen angesichts der gelegentlichen Durchführung absoluter Umgebungsvergleiche nur verhältnismäßig geringe Genauigkeitsanforderungen gestellt werden. Die Minimierung der Komponentenkosten steht daher bei der Lösungssuche im Vordergrund.

Unter den in Kapitel 3.3 dargestellten Lösungsvarianten bietet eine Koppelnavigation über die Winkelaufnehmer an den angetriebenen Fahr- und Lenkmotoren die einfachste Lösung, da hier die Meßaufnehmer ohnehin schon für die Motorregelung vorhanden sind. Eine Messung über freilaufende Räder oder sogar Meßräder bietet zwar eine höhere Genauigkeit aufgrund der wegfallenden Schlupffehler; es sind aber zusätzliche Aufnehmer erforderlich. Ein weiterer Gewinn an Genauigkeit ließe sich durch den Einsatz von Kreiselsystemen erreichen, einen nennenswerten Vorteil bieten hier jedoch nur teure Präzisionsgeräte. Weniger bewährt haben sich Beschleunigungs-Messungen und Motorstrom-Auswertungen.

Im vorliegenden Fall kann bereits die Auswertung der an den angetriebenen Rädern durchgeführten Drehwinkelmessungen als einfachste Lösung bereits die gestellten Aufgaben erfüllen.

5.3.2 Kollisionsschutz und Gefahrenzonen-Überwachung

Kollisionsschutz-Sensoren dienen zum einen der unmittelbaren Sicherheit im Sinne des Personenschutzes und zum anderen der vorausschauenden Erkennung von Kollisionsgefahren mit der Fertigungsumgebung zur Minimierung von Stillstandszeiten. Für die Gewährleistung der Sicherheit bietet sich der Einsatz eines bewährten mechanischen Sicherheitsbügels mit Nachgiebigkeit für den Bremsweg an, da mit den ansonsten leistungsfähigeren berührungslos messenden Systemen der Sicherheitsnachweis für alle denkbaren Betriebszustände zur Zeit noch nicht durchführbar ist. Der Sicherheitsbügel wirkt ohne dazwischengeschalteten Rechner direkt hardwaremäßig auf eine Abschaltung der Antriebsenergie mit Sicherheitsbremsung.

Als leistungsfähige, aber nicht durch die harten Sicherheitsanforderungen belastete Ergänzung erfordert der vorausschauende Kollisionsschutz eine Mehrfachanordnung berührungslos messender Sensoren. Ultraschallsensoren haben gegenüber optischer Verfahren den Vorteil einer breiten Erfassungskeule, die leichter eine lückenlose räumliche Überwachung ermöglicht. Es sollten abstandsmessende Sensoren verwendet werden, um eine Programmierbarkeit des Überwachungsbereichs zu ermöglichen. Die Ultraschallsensoren können zur weiteren Kosteneinsparung über den Multiplexer in das bereits vorhandene Sensorsystem zur Umgebungserkennung integriert werden.

Das parallele Erreichen von fokussierten Erfassungskeulen für die Umgebungserkennung und von weitwinkligen Schallkeulen für den Kollisionsschutz bei gleichzeitiger Verwendung einfacher, preiswerter Ultraschallwandler wird durch den Einsatz speziell für diesen Zweck entwickelter und ebenfalls preiswerter Schallformungs-Kanäle als Wandleraufsatz erreicht /58/.

Für die Gefahrenzonen-Überwachung in einer Fertigungsumgebung werden abhängig von Fahrtrichtung und Geschwindigkeit unterschiedliche Überwachungsräume benötigt. Hinzu kommt, daß in bestimmten Situationen, z.B. beim Andocken an Lastübergabe-Stationen oder bei der Durchfahrt durch enge Verbindungstore eine Annäherung an Umgebungsobjekte gezielt überwacht werden soll. Aus diesem Grunde sind in Abhängigkeit von der Umgebungs-Situation unterschiedliche Überwachungs-Zonen erforderlich. Für die Erkennung von Kollisionsgefahren ist eine direkte Sensorauswertung ausreichend, die Programmierung der Überwachungs-Zonen erfordert jedoch Umgebungs-Vorwissen. Ein lokales Umgebungsmodell wäre für diesen Zweck ein unnötig hoher und kaum realisierbarer Aufwand.

Als Lösung erfolgt eine Generierung von Sensor-Überwachungs-Aktionen auf Planungsebene, die, ähnlich wie die Sensoraktionen für den Umgebungsvergleich, basierend auf den Grundrißdaten des globalen Umgebungsmodells vorausgeplant werden. Die derart in ihrem Überwachungsbereich auf die Umgebung angepaßten Sensoraktionen können dann auf Ausführungsebene programmgesteuert eine direkte Auswertung der Sensordaten vornehmen.

5.3.3 Konzeptentwicklung für die Planungskomponente

An die Planungskomponente werden zusätzliche Anforderungen durch die Vorausplanung von Sensoraktionen aus dem globalen Umgebungsmodell gestellt. Das globale Umgebungsmodell muß die folgenden Informationen enthalten:

- virtuelle Fahrwege,
- Lastübergabe-Stationen,
- Haltepunkte für Ladestationen, Wartepositionen und Initialisierung,
- Umgebungs-Situationen für Stützpunktmessungen,
- Sperrflächen bzw. Bereiche mit Kollisionspunkten.

Für die vorliegenden Aufgaben ist eine 2D-Grundrißdarstellung ausreichend. Es bietet sich eine Objektdarstellung auf Kantenbasis an.

Bei fahrerlosen Transportsystemen ist aus Sicherheitsgründen ein großzügiger seitlicher Freiraum zwischen Fahrzeugaußenkante und Fahrbahnbegrenzung vorgeschrieben. Die Bahnplanung kann daher mit klassischen Suchverfahren erfolgen, bei denen die möglichen Verbindungswege in einer Graphen- oder Baumstruktur dargestellt werden.

Die Ausführungsplanung erfolgt in zwei Schritten. Im ersten Schritt werden für den aktuellen Transportauftrag Bewegungsaktionen zu Ausgangs- und Zielposition sowie Lastübergabeaktionen geplant. Danach wird zunächst die Bahnplanung für die Generierung der Bewegung eingeschoben. Im zweiten Schritt werden dann, abhängig von der Umgebungs-Situation entlang der Fahrbahn, Sensoraktionen für die Kurskorrektur und für die Kollisionsüberwachung gene-

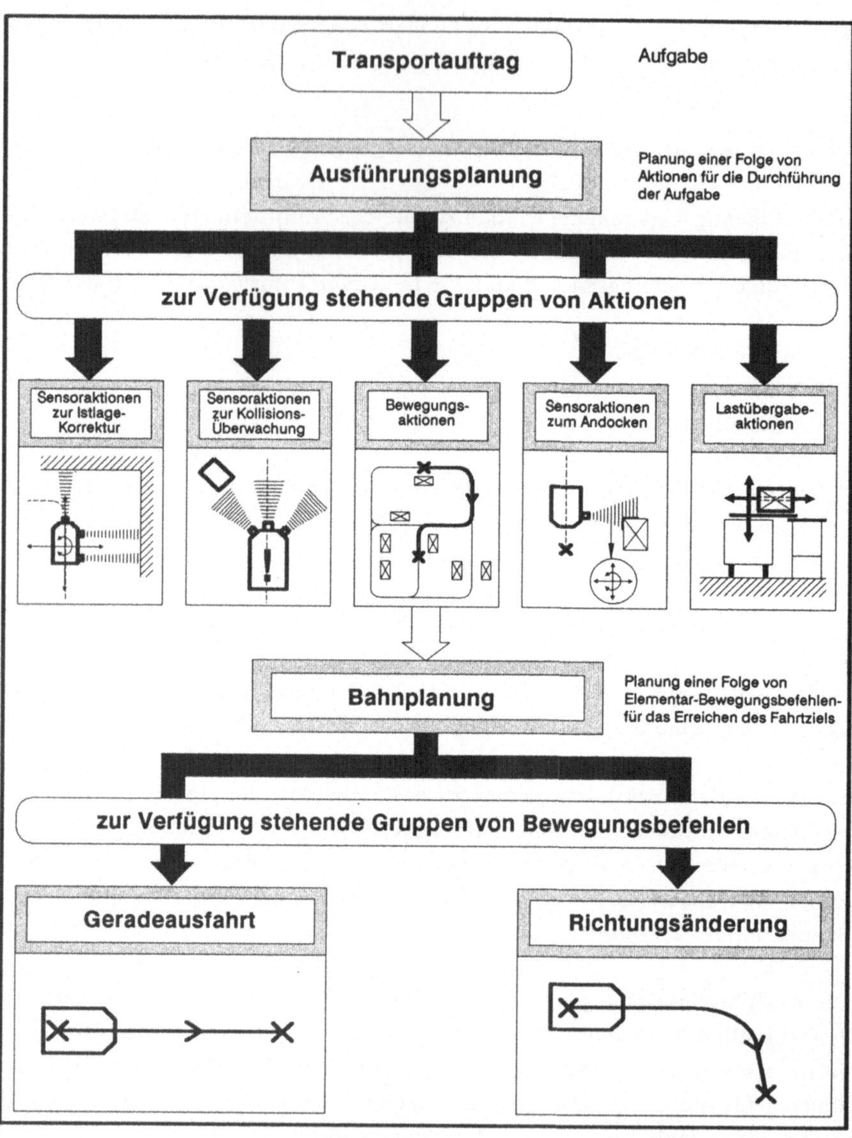

Abb. 5-4: *Aufgabenumfang und Einordnung der Ausführungsplanung bei der "Integrierten Sensoraktionsplanung"*

riert. Vor den Lastübergabe-Stationen werden Sensoraktionen zum Andocken eingefügt.

5.4 Einbindungskonzepte für optionale Erweiterungen

Die nachfolgenden Komponenten können in ihrem Grundumfang auf einfache Weise realisiert werden. Es sind jedoch technisch anspruchsvolle Erweiterungsfunktionen in das Gesamtkonzept integrierbar.

5.4.1 Ausführungsüberwachung

Die Ausführungsüberwachung überprüft, ob die zur Aufgabenerledigung von der Planung generierte Sequenz von Aktionen erfolgreich und korrekt ausgeführt wird. In der Grundfunktion erfolgt das durch Abfrage der im Bewegungsprogramm enthaltenen Sensor-Überwachungs-Aktionen und durch Entgegennahme von Kollisions-Warnungen.

Eine anspruchsvolle Konzepterweiterung wäre die Auswertung von Umgebungs-Informationen zur Überwachung, ob das Fahrzeug seine planmäßige Bahn innerhalb der Fertigungsumgebung korrekt ausführt.

5.4.2 Fehlerbehandlung

Störungen der Transportfahrten von außen sollen im Sinne einer hohen Anlagenverfügbarkeit möglichst durch intelligente Reaktionen der Fahrzeugsteuerung behoben werden. Insbesondere für die folgenden Situationen bringt die automatische Fehlerbehandlung mit Schlußfolgerung auf Störungsursache, Auswahlentscheidung über Reaktionsart und Durchführung der Fehlerbehandlungsmaßnahme Vorteile:

- Hindernis kurzzeitig auf der Fahrbahn,

- Fahrbahn teilweise blockiert,

- Fahrbahn vollständig blockiert,

- Umgebung an Vergleichs-Stützpunkt verstellt oder verändert.

Für die Bewältigung dieser Aufgaben ist eine situationsbedingte Verarbeitung der Kollisions-Warnungen und Fehlermeldungen in Form von Zustandsgraphen als Ursachen-Schlußfolgerung und Reaktionsauswahl-Entscheidung ausreichend. Die eigentliche Fehlerbehandlung erfolgt durch autonome lokale Strategien, die Sensorsignale direkt in Steuerbefehle für die Fahrzeugplattform umsetzen und im Normalfall kein Vorwissen benötigen. Für die Dauer der Fehlerbehandlung erhalten diese Strategien auf Ebene der Ablaufsteuerung die Steuerungskontrolle über das Fahrzeug, die sie dann nach erfolgreicher Durchführung wieder an das Bewegungsprogramm übergeben.

Einfach zu realisierende Beispiele lokaler Fehlerbehandlungs-Strategien sind das gesteuerte Anhalten bei plötzlich auftretenden Hindernissen oder das Anhalten bei aus der Toleranz fallenden verstellten Umgebungs-Situationen zum Stützpunktvergleich mit Fortsetzung der Messungen und Weiterfahrt nach Weggang z.B. von den Vergleichspunkt verstellenden Personen. Im letzteren Störungsfall ist auch eine Entscheidung zur Weiterfahrt zum nächsten geeigneten Vergleichspunkt im Rahmen der Vertrauensgrenze der Koppelnavigation möglich.

Eine leistungsfähige Erweiterung für den Fall teilweise verstellter Fahrbahnen sind lokale Ausweichstrategien, die mit Hilfe von unterlagerten sensorgeführten Bahnfahr-Routinen eine von den virtuellen Fahrwegen unabhängige Bahn um Hindernisse herum oder zwischen Hindernissen hindurch suchen. Die Strategien führen das Fahrzeug bis zu Anfangspunkten oder Sensor-Korrektur-Punkten der nächsten Bahnsätze, bzw. auf den ursprünglichen Kurs langer gerader Bahnstücke zurück, um dort wieder die Kontrolle an das Bewegungsprogramm abzugeben. Eine völlige Blockade von Fahrwegen kann durch Anforderung einer Umplanung, unter Angabe von Fahrzeugposition und blockierter Route, von der Ablaufsteuerung an die Planung behoben werden. Die Planung generiert dann unter Kennzeichnung der Blockade ein geändertes Bewegungsprogramm, welches anschließend ausgeführt wird.

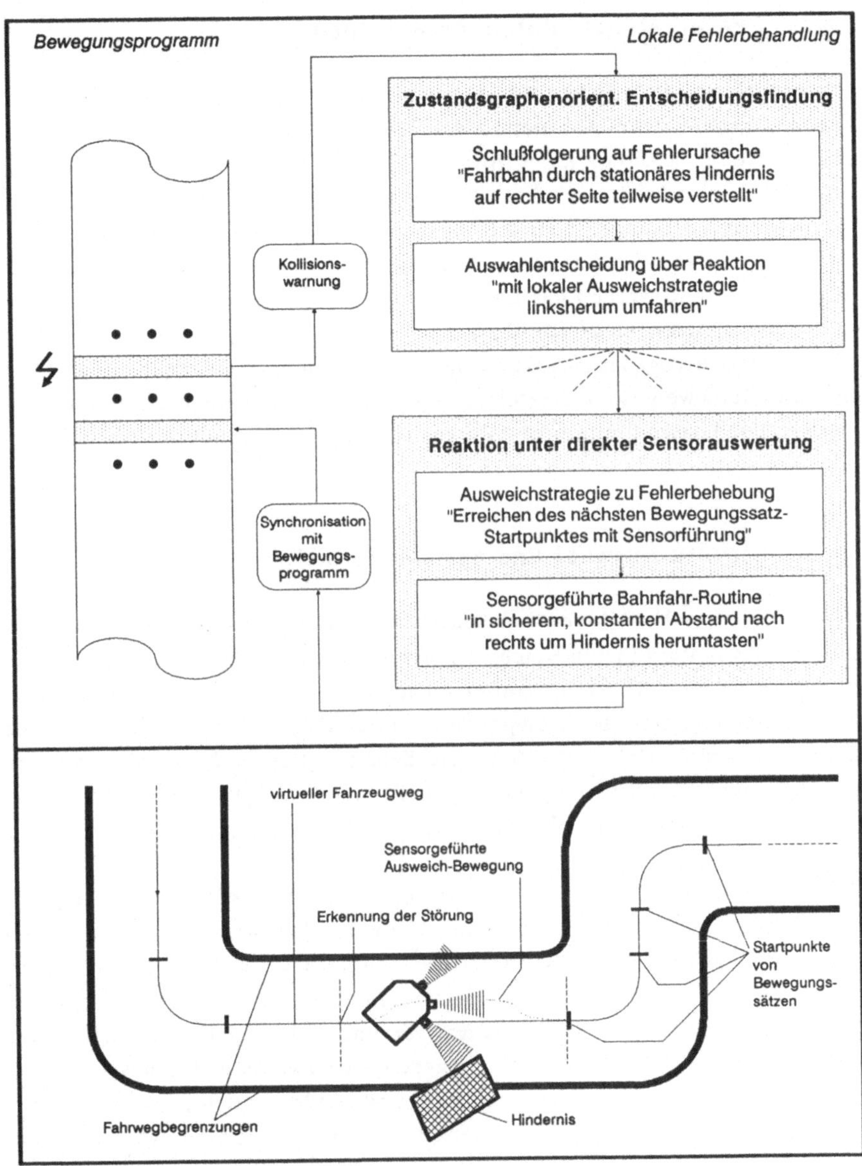

Abb. 5-5: Lokale Fehlerbehandlung mit zustandsgraphenorientierter Entscheidungsfindung und Ausweichstrategie

5.4.3 Sensorgeführte Bahnfahr-Routinen

Sensorgeführte Bahnfahrfunktionen werden als unterlagerte, ausführende Ebene von den Ausweichstrategien der Fehlerbehandlung benötigt. Sie führen das Fahrzeug auf einer nicht vorausgeplanten Trajektorie und bestimmen Fahrtrichtung und Geschwindigkeit on-line aufgrund der direkten Auswertung von Sensorinformationen über die Umgebung. Dadurch kann auch für die Sensorführung auf ein lokales Umgebungsmodell verzichtet werden. Für die gestellten Aufgaben werden das Linksherum- und das Rechtsherum - Umfahren von Hindernissen in sicherem Abstand sowie die Fahrzeugführung in der Mitte eines engen Durchgangs zwischen Hindernissen benötigt. Die Sensorführung ist als paralleler Zweig zur Trajektorienberechnung in die Bewegungssteuerung integriert. Die Umschaltung erfolgt durch die Fehlerbehandlung der Ablaufsteuerung.

5.5 Strukturauswahl und Systemübersicht

Die Analyse der Funktionen von Sensor- und Steuerungssystemen für mobile autonome Roboter führt in Kombination mit den Lastenheft-Anforderungen an automatische Flurförderzeuge auf einen aufgabenspezifisch festgelegten Informationsfluß zwischen den Komponenten unter Zugrundelegung vorstehender Lösungskonzepte. Dabei benötigen die Schnittstellen und Datenbasen jeder einzelnen funktionalen Komponente jeweils eigene aufgabenspezifische Informationen in wiederum jeweils angepaßter Darstellungsform.

Eine gemeinsame Datenbasis in Form eines Blackboards /64/ erscheint in diesem Zusammenhang wenig sinnvoll; vielmehr führt der vorgegebene Informationsfluß auf eine primär hierarchische Struktur mit den Planungsfunktionen auf oberer, den Funktionen der Ablaufsteuerung auf mittlerer und den parallel laufenden Funktionen von Bewegungssteuerung und Umgebungserfassung auf unterer Ebene. Querverbindungen ergeben sich zwischen den ausführenden Unterfunktionen der Bewegungssteuerung und den Informationen aus Sensorsignalen; Umgebungs-Vorwissen ist hier ausschließlich in impliziter Form in den ausgeführten Sensoraktionen enthalten.

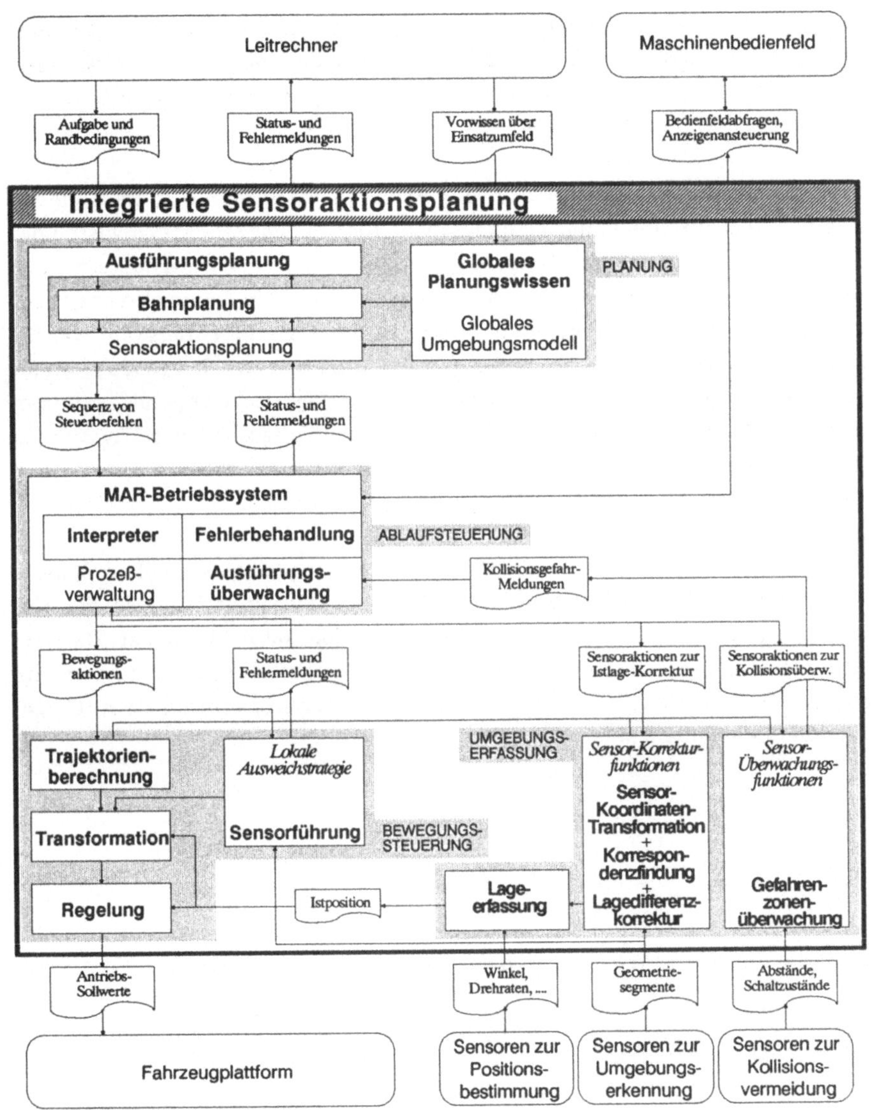

Abb. 5-6: ***Struktur der "Integrierten Sensoraktionsplanung" als Sensor- und Steuerungssystem für die leitlinienlose Führung automatischer Flurförderzeuge***

Die das Ergebnis der Konzeption zusammenfassende Systemübersicht zeigt Abb. 5-6. Die entsprechend der Funktions-Bewertungsmatrix zu entwickelnden Algorithmen für Sensor-Korrektur und Bewegungs-Steuerung werden im anschließenden Kapitel behandelt.

Zentrales Kennzeichen der Sensor- und Steuerungsarchitektur ist die Generierung von Sensoraktionen auf Planungsebene für die Umgebungs-Vorwissen benötigenden Funktionen des Umgebungsvergleichs und des Kollisionsschutzes. Auf ein aufwendiges lokales Umgebungsmodell kann dadurch verzichtet werden. Das zweite wichtige Kennzeichen ist die gezielte Vorauswahl von für einen Stützpunktvergleich besonders günstig strukturierten Umgebungs-Situationen zur absoluten Driftkompensation der unterlagerten Koppelnavigation in unregelmäßigen Intervallen. Damit wird eine modellgestützte Navigation in realen Fertigungsumgebungen in Echtzeit und mit wirtschaftlich vertretbaren Mitteln ermöglicht.

Die Systemarchitektur ist nicht auf die Verwendung einer speziellen Sensorlösung beschränkt, das vorgeschlagene Sensorsystem stellt lediglich die einfachste und kostengünstigste Möglichkeit der Funktionserfüllung dar. Darüber hinaus ist das Konzept offen sowohl für andere Verfahren der Abstandsmessung als auch für grundsätzlich andere Sensorsysteme für Koppelnavigation, Umgebungsvergleich und Kollisionsschutz.

6 Algorithmen - Entwicklung

Die in der Bewertungsmatrix in Kapitel 5 unter der Rubrik Algorithmen-Entwicklung eingestuften Funktionen sind in ihrer Realisierung abhängig von der Fahrwerks-Kinematik des mobilen autonomen Roboters. Nachfolgend werden die Algorithmen beispielhaft für eine Dreirad-Kinematik mit angetriebenem und gelenktem Vorderrad entwickelt. Diese Kinematik soll in einem Versuchsträgerfahrzeug realisiert werden. Die Dreirad-Kinematik wird neben der Vierrad-Rautenanordnung sowie der Vierwege-Anordnung mit zwei gelenkten Rädern am häufigsten für automatische Flurförderzeuge verwendet /88/ und ist insbesondere für kleine Fahrzeuge Standard. Eine systematische Übersicht zu weiteren Fahrwerksvarianten, deren Vor- und Nachteile sowie Kriterien zu deren Auswahl enthält /98/. Der nachstehende Entwicklungsweg ist im Ansatz auf andere Kinematiken übertragbar, da er die grundsätzlichen Problemstellungen vollständig enthält.

6.1 Berechnungsgrundlagen

6.1.1 Koordinatensysteme

Für die Beschreibung der räumlichen Anordnung von mobilem Roboter und Umgebung sind drei Koordinatensysteme erforderlich: Auf der Ebene von Antriebsmotoren und Winkelgebern beschreibt das fahrwerksspezifische Radkoordinatensystem die Radwinkelumdrehungen und Lenkwinkelstellungen.

Im Fahrzeugkoordinatensystem werden üblicherweise die Abweichungen vom Sollkurs sowie die Relativpositionen von Umgebungsobjekten zum Fahrzeug beschrieben. Der Ursprung des Koordinatensystems wird bei der gegebenen Kinematik sinnvollerweise in die Mitte der Hinterachse gelegt, da hier die beiden Bewegungsmöglichkeiten des Fahrzeugs aufgrund der seitlichen Zwangsführung der Hinterräder gerade durch zwei der drei Koordinatenachsen beschrieben werden können. Durch die Wahl der X'-Achse in Fahrzeugrichtung ist gewährleistet, daß beim Winkel $C = 0$ die Achsen des Fahrzeug- und des Raumkoordinatensystems übereinstimmen.

Das Raumkoordinatensystem bietet den absoluten Maßstab für die Beschreibung der Hallenumgebung und der Fahrzeuglage. Die Bezeichnung der kartesischen Koordinatensysteme erfolgt in Anlehnung an /89/. Neben diesen Koordinatensystemen existieren noch die hardwarespezifischen Sensorkoordinaten-Systeme.

Unter der Lage von Fahrzeug und Objekten soll in diesem Zusammenhang die Gesamtheit von Position und Orientierung verstanden werden. Bei Vorliegen einer fixierten Zuordnung empfiehlt sich für diese Einheit der Begriff räumliche Anordnung /16/.

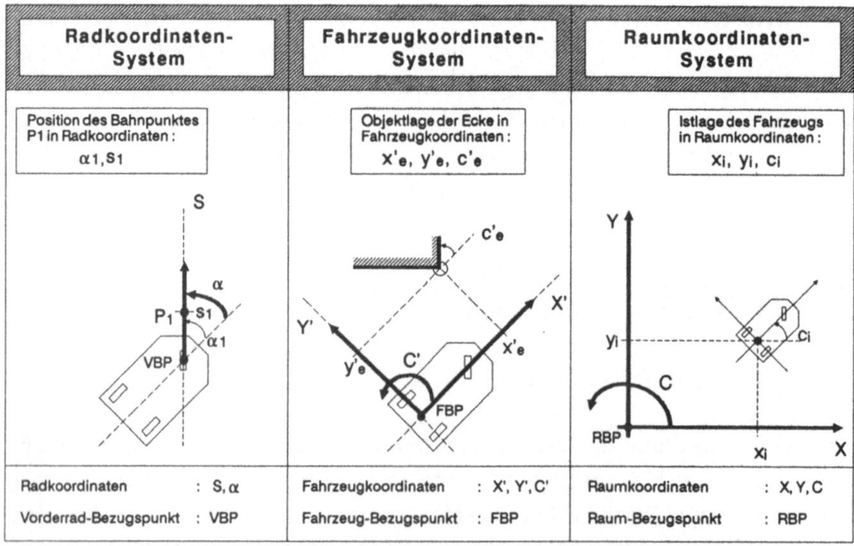

Abb. 6-1 : Festlegung der Koordinatensysteme für mobile autonome Roboter

6.1.2 Koordinatentransformation für die Bewegungssteuerung

Voraussetzung für die Ableitung der Rad- und Lenkwinkelbewegungen zur Fahrzeug-Bewegungssteuerung ist die Umrechnung der in Raumkoordinaten

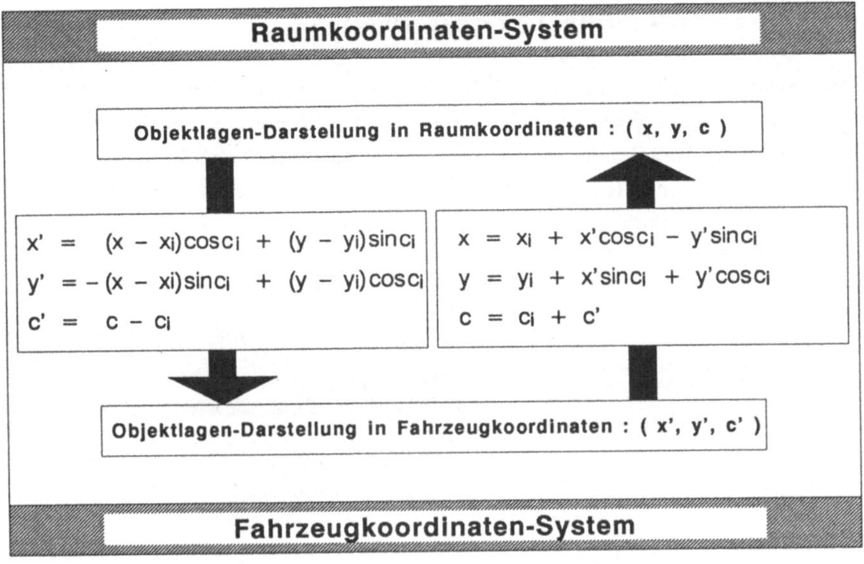

Abb. 6-2 : Gleichungen zur Umrechnung zwischen Raum- und Fahrzeugkoordinaten-Systemen

vorgegebenen Solltrajektorie in eine auf die Fahrwerkskinematik zugeschnittene Darstellung. Bei der vorgegebenen Kinematik ist eine Transformation von Raum- in Fahrzeugkoordinaten erforderlich.

Die Kursregelung erfolgt direkt in Größen des Fahrzeugkoordinaten-Systems mit einer Ableitung des Sollwertes für den Drehwinkel des Antriebsrades aus der Längskoordinate und der Ableitung des Lenkwinkel-Sollwerts aus der Soll-ist-Abweichung des Vorderrad-Bezugspunktes in der Querkoordinate. Der Bezug der Regelung auf das Vorderrad erfolgt aus Stabilitätsgründen. Prinzipiell ist auch eine weitere Transformation des Bahnsollwertes von Fahrzeug- in Radkoordinaten unter Einschränkung auf zwei Freiheitsgrade möglich, jedoch werden bei den bekannten Regelungsansätzen diese Führungsgrößen nicht benötigt.

6.1.3 Sensor-Koordinatentransformation

Die Sensoren liefern erkannte Umgebungs-Segmente mit einer Positionsangabe in ihrem eigenen Bezugssystem. Dabei stehen jedem mobilen autonomen Roboter in der Regel mehrere und teilweise unterschiedliche Sensoren zur Verfügung. Neben einer festen räumlichen Anordnung auf dem Fahrzeug besteht auch die Möglichkeit einer programmierbaren räumlichen Sensoranordnung durch den Einsatz von Sensor-Plattformen.

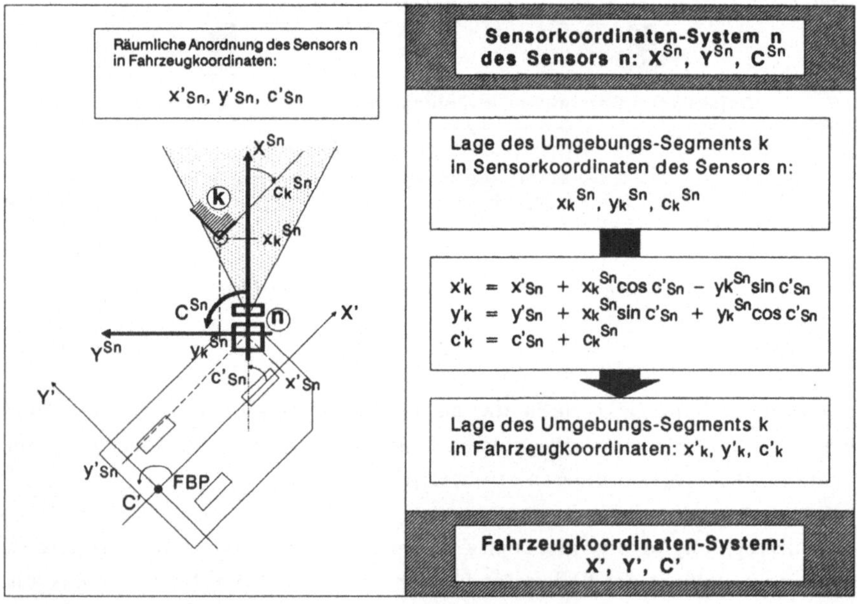

Abb. 6-3 : Sensorkoordinaten-Systeme und Koordinatentransformation für die Sensordaten

Für jeden der Sensoren eines Roboters wird ein eigenes Sensorkoordinaten-System sowie eine eigene Sensor-Koordinatentransformation in das gemeinsame Fahrzeugkoordinatensystem definiert. Damit wird die Grundlage für einen Vergleich der von den Sensoren erkannten Umgebungssegmente mit dem abgespeicherten Modellwissen auf Basis der Fahrzeugkoordinaten ermöglicht. Je nach Konzept kann auch eine weitere Transformation in Raumkoordinaten und ein anschließender Umgebungsvergleich in Raumkoordinaten erfolgen.

6.2 Algorithmen für die Positionsbestimmung

6.2.1 Lageerfassung aus der Koppelnavigation

Die Lageerfassung liefert eine Schätzung der Fahrzeug-Istlage durch Aufintegration der verfügbaren Werte von Radumdrehung und Lenkwinkelstellung. Pro Zeitinkrement bewirkt der Verlauf dieser beiden Größen eine inkrementelle Änderung der Istlage des Fahrzeug-Bezugspunktes. Durch Aufintegration

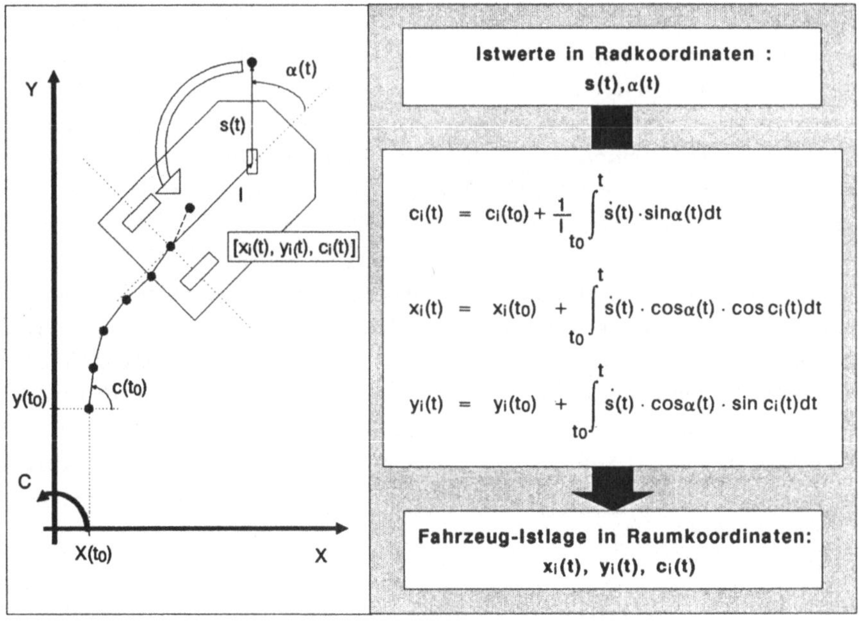

Abb. 6-4 : Algorithmen für die Istlage-Schätzung aus den Daten der Koppelnavigations-Sensorik

dieser inkrementellen Änderung zum letzten Lagewert erhält man schließlich die aktuelle Schätzung der Fahrzeuglage.

Für die Gültigkeit dieser Formeln ist ein genügend schneller Meß- und Rechenzyklus Voraussetzung. In der Praxis ist hier ein Zyklus von 5 ms bei einer Fahrzeuggeschwindigkeit bis 1 m/s ausreichend. Aufgrund des integrierenden Verhaltens ist jedoch selbst die genaueste Messung als dynamisch instabiles System driftbehaftet. Typische Modellierungs-Ungenauigkeiten sind Toleranzen der mechanischen Abmessungen, Radverschleiß, Lagerspiel, Bodenunebenheiten sowie ein undefinierter Radauflagepunkt.

6.2.2 Lagedifferenz-Korrektur durch Sensoraktionen

Die Lagedifferenz-Korrektur ist in den Sensoraktionen zur Istlage-Korrektur enthalten, die einen Kernbestandteil des Konzepts darstellen. Diese ermöglichen einen punktuellen Umgebungsvergleich gegenüber bestimmten Umgebungs-Situationen durch den Einsatz von Sensoren zur Umgebungserkennung. Die Sensorfunktionen sind von ihrer Struktur her derart universell aufgebaut, daß sowohl unterschiedliche Arten von einfachen Umgebungssituationen erkannt als auch unterschiedliche Arten von Sensoren eingesetzt werden können.

Im Folgenden werden die einzelnen Schritte anhand der Realisierung der aus einer Mehrfachanordnung abstandsmessender Ultraschall-Sensoren bestehenden Kurskorrektur-Sensorik beispielhaft erläutert. Die Korrespondenzfindung besteht aufgrund der Vorausplanung im wesentlichen nur aus der Abfrage, ob der für eine Vergleichsmessung geeignete Bahnpunkt erreicht ist. Zu diesem Zweck wird quer zur Sollbahn auf der Höhe des Meßpunktes eine Zielgerade berechnet, deren Überschreiten durch die Fahrzeug-Istlage als Triggersignal verwendet wird.

Bei der Sensordatenverarbeitung für die Ultraschall-Sensoren besteht die Sensorvorbereitung aus der Programmierung des Multiplexers auf die gewählte Kanalnummer. Bei Verwendung unterschiedlicher Wandlertypen müssen zusätzlich Sendefrequenz, Burstlänge und Time-out-Zeit eingestellt werden. Die Sen-

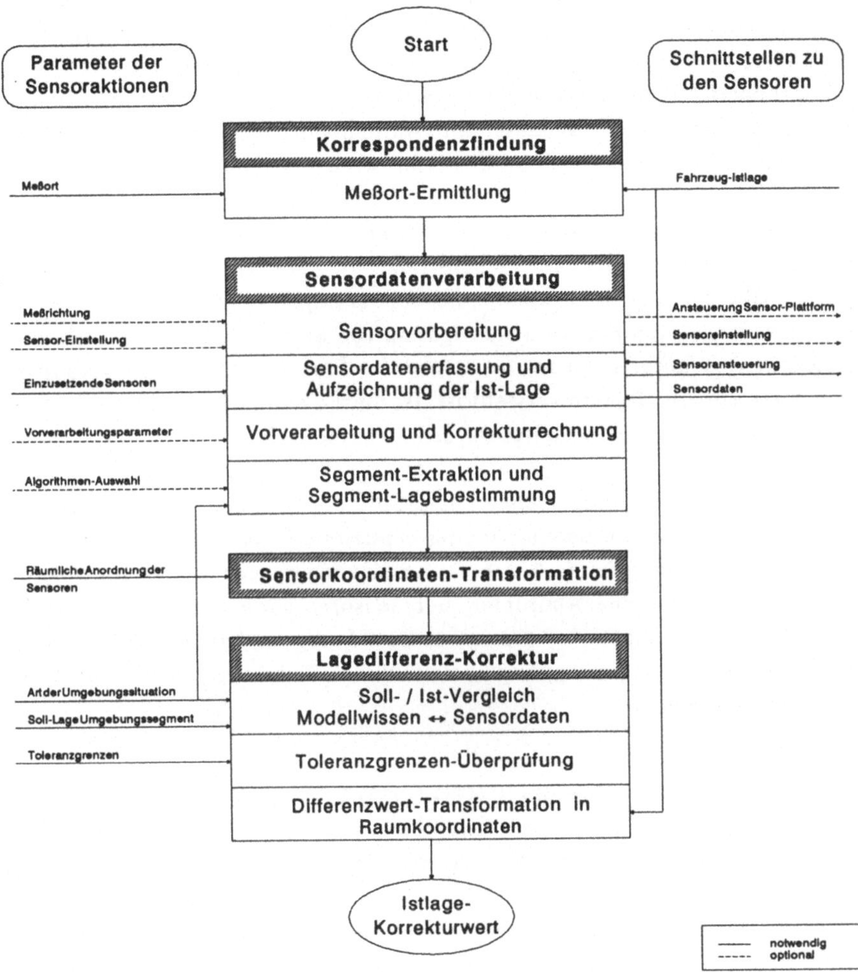

Abb. 6-5 : ***Funktionsprinzip der Sensoraktionen zur Istlage-Korrektur***

sordatenerfassung hat hier lediglich den eindimensionalen Schallaufzeitwert sowie die Fahrzeuglage beim Start der Messung aufzuzeichnen. Bei der Vorverarbeitung und Korrekturrechnung muß nach der Umrechnung der Laufzeit in einen Abstandswert der Einfluß der Fahrzeugeigenbewegung auf das empfangene Echosignal kompensiert und gegebenenfalls auch der Triangulationsfehler bei getrennten Sende- und Empfangswandlern korrigiert werden. Abstand und Orientierung seitlicher Wandabschnitte werden aus den beiden seitlichen Abstandsmessungen in der Segment-Extraktion ermittelt.

Der Soll-ist-Vergleich zwischen Modellwissen und Sensordaten wird zurückgeführt auf die Abweichung von Meßposition und -Orientierung. Die Toleranzgrenzen-Überprüfung ist notwendig, um bei der Lagedifferenz die zu erwartenden Ungenauigkeiten der Koppelnavigation von Störungszuständen sowie von Situationen zu unterscheiden, bei denen die Umgebungsreferenz verändert oder durch andere Objekte verstellt ist. Ist diesen Fällen kann dann eine Fehlerbehebungsstrategie eingeleitet werden.

Bei der Syntax der Sensoraktionen können die notwendigen Parameter entweder explizit als Funktionsparameter oder implizit im Funktionsnamen enthalten sein. Im Fall der Integrierten Sensoraktionsplanung werden die einzusetzenden Sensoren, die räumliche Anordnung der Sensoren sowie die Art der Umgebungs-Situationen angesichts der festen Zuordnung implizit und der Meßort, die Soll-Lage der Umgebungs-Segmente sowie die Toleranzgrenzen explizit als Parameter übergeben.

6.3 Algorithmen für die Trajektorienberechnung

Die Trajektorienberechnung in Bewegungssteuerungen gliedert sich in die Interpolationsvorbereitung und die Interpolation. Die Interpolation erzeugt auf Echtzeitebene in zyklischen Berechnungen die Sollwerte für die Bewegungsbahn. Vorab wird jeweils einmalig die Interpolationsvorbereitung zur Initialisierung der Interpolation und zur Berechnung der für die Interpolation benötigten Parameter ausgeführt.

LINEAR-Interpolation

1) $0 < t \le t_a : v_R(t) = \frac{v_b}{t_a} t$

$t_a < t \le t_b : v_R(t) = v_b$

$t_b < t \le t_e : v_R(t) = v_b + \frac{v_e - v_b}{t_e - t_b}(t - t_b)$

2) $\alpha(t) = 0$

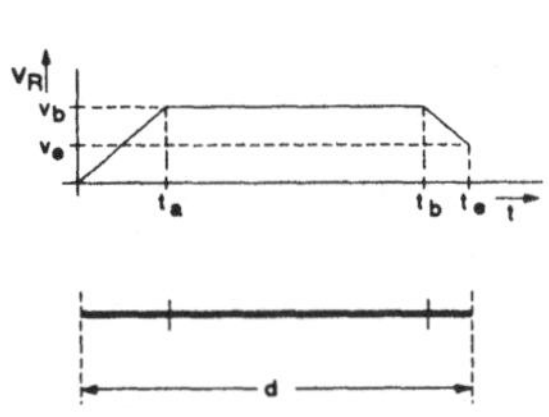

KURVEN-Interpolation

1) $v_R(t) = v_b$

2) $0 < t \le T : \alpha(t) = \frac{\alpha_{max}}{T} t$

$T < t \le 2T : \alpha(t) = \alpha_{max} - \frac{\alpha_{max}}{T}(t - T)$

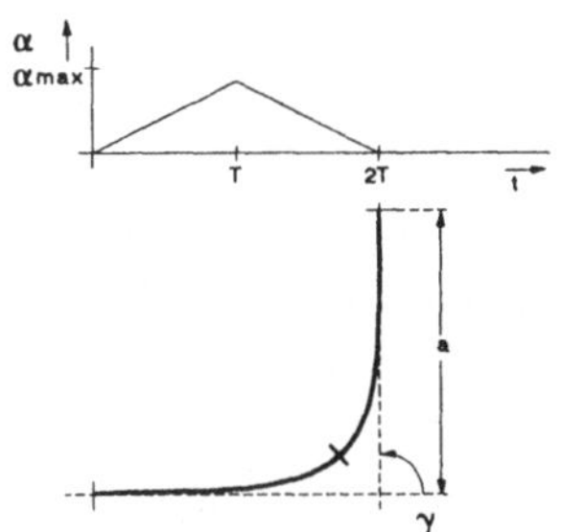

SEITENVERSATZ-Interpolation

1) $v_R(t) = v_b$

2) $0 < t \le T : \alpha(t) = \frac{\alpha_{max}}{T} t$

$T < t \le 2T : \alpha(t) = \alpha_{max} - \frac{\alpha_{max}}{T}(t - T)$

$2T < t \le 3T : \alpha(t) = - \frac{\alpha_{max}}{T}(t - 2T)$

$3T < t \le 4T : \alpha(t) = - \alpha_{max} + \frac{\alpha_{max}}{T}(t - 3T)$

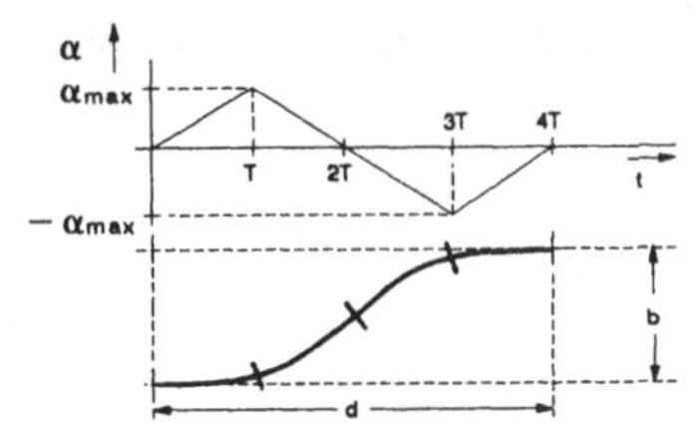

S-KURVEN-Interpolation

1) $v_R(t) = v_b$

2) $0 < t \le T : \alpha(t) = \frac{\alpha_{max}}{T} t$

$T < t \le T + t_K : \alpha(t) = \alpha_{max}$

$T + t_K < t \le 2T + t_K :$

$\alpha(t) = \alpha_{max} - \frac{\alpha_{max}}{T}(t - (T + t_K))$

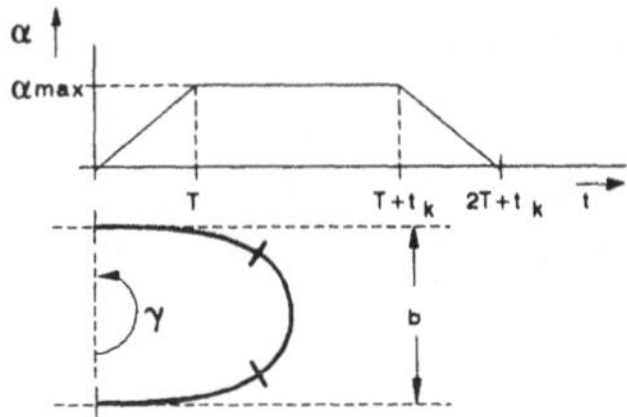

REKURSIVE INTERPOLATIONS-Gleichungen (allgemein gültig)

$$c_{n+1} = c_n + \frac{v_R(t_n) \cdot \Delta t}{l} \cdot \sin\alpha(t_n)$$

$$x_{n+1} = x_n + v_R(t_n) \cdot \Delta t \cdot \cos\alpha(t_n) \cdot \cos c_n$$

$$y_{n+1} = y_n + v_R(t_n) \cdot \Delta t \cdot \cos\alpha(t_n) \cdot \sin c_n$$

Abb. 6-6 : Interpolationsarten und Interpolationsgleichungen für das Bahnfahren auf virtuellen Transportwegen

6.3.1 Interpolation

Angesichts der Lastenheft-Anforderungen, insbesondere der Forderung nach Richtungsänderung des Fahrzeugs bei kontinuierlicher Fahrt, ergibt sich die Notwendigkeit einer Bahnsteuerung. Die in der Praxis auftretenden Fahrkurs-Layouts können mit vier Formen von Bahnabschnitten dargestellt werden.

Mit Linear- und Kurvenabschnitten können bereits die meisten virtuellen Transportwege beschrieben werden. Insbesondere für Nebenfahrwege zum Anfahren von Stationen mit seitlicher Lastübergabe wird ein Seitenversatz benötigt. Fahrzeug-Wendestellen und beengte Bereiche benötigen eine scharfe Kurvenfahrt.

Entscheidende Randbedingungen für die Form der Kurvenfahrt sind die begrenzte Einschlaggeschwindigkeit der Lenkung und die durch das Fahrzeug-Trägheitsmoment begrenzte mögliche Drehbeschleunigung. Eine Kreisbogenfahrt scheidet damit als Kurvenform aus, vielmehr können jedoch für den Lenkwinkel bei maximaler Auslastung des Lenkantriebs eine lineare Rampe und als maximale Fahrzeuggeschwindigkeit die maximale Abrollgeschwindigkeit des Antriebsrades vorausgesetzt werden. Für eine Dreirad-Kinematik ergibt sich damit als optimale Kurvenform für eine kontinuierliche Richtungsänderung ohne Geschwindigkeitssprünge und unter optimaler Ausnutzung von Zeit und Antriebsleistung eine aus zwei spiegelbildlichen spiralenförmigen Bahnabschnitten zusammengesetzte Trajektorie. Dabei wird ein linearer Winkelverlauf für Lenkungseinschlag und Lenkungsrückstellung sowie eine konstante Abrollgeschwindigkeit des Antriebsrades zugrundegelegt.

Für alle Interpolationsarten können die Parameterverläufe von Radgeschwindigkeit und Lenkwinkel direkt in eine gemeinsame rekursive Berechnungsformel eingesetzt werden. Die rekursive Berechnungsform der Interpolation wurde gewählt, da eine geschlossene Lösung der Integrale der Bewegungsgleichung nicht möglich ist, und weil die rekursive Berechnung für die Echtzeitebene auf einfache Gleichungen führt. Bei Betrachtung der Bahnverläufe fällt auf, daß alle Interpolationsarten aus Phasen der Geradeausfahrt, des Lenkungseinschlags, der Kreisbogenfahrt mit konstantem Lenkeinschlag sowie der Lenkungsrückstellung zusammengesetzt sind.

6.3.2 Interpolations-Vorbereitung

Da die Bestimmung der Interpolations-Parameter für Geradeausfahrt und Kreisbogenfahrt lediglich einfache geometrische Berechnungen erfordert, kann die Problemstellung der Interpolations-Vorbereitung für komplexe Bahnformen wie Kurven und Seitenversatz auf die Phasen des Lenkeinschlags sowie der Lenkungsrückstellung konzentriert werden.

Als Interpolations-Parameter sind der maximale Lenkwinkeleinschlag sowie die Lenkeinschlags-Zeitkonstante zu ermitteln mit denen bei vorgegebener Bahngeschwindigkeit gerade die gewünschte Fahrtrichtungsänderung und die gewünschte Kurvenweite erreicht wird. Der analytische Lösungsansatz führt über das Einsetzen der Interpolations-Gleichungen für den Lenkwinkelparameter aus Kapitel 6.3.1. in die Integral-Gleichungen der Istlageerfassung aus Kapitel 6.2.1. Lediglich das Integral für die C-Koordinate kann geschlossen analytisch berechnet werden und führt auf eine Funktionsgleichung für die Lenkeinschlags-Zeitkonstante in Abhängigkeit vom maximalen Lenkeinschlag für eine vorgegebene Richtungsänderung. Die Berechnung der Kurvenweite a aus der Kombination der Gleichungen für die X- und Y-Koordinaten führt auf ein nicht allgemein lösbares Integral mit dem Term cos(cos(..)).

Nachdem eine analytische Lösung ausscheidet, stehen die folgenden Ansätze zur Verfügung:

- Tabellierung der Parameter nach vorheriger numerischer Berechnung,

- Approximation des Funktionsverlaufs nach vorheriger numerischer Berechnung,

- direkte numerische Berechnung durch Iterationsverfahren.

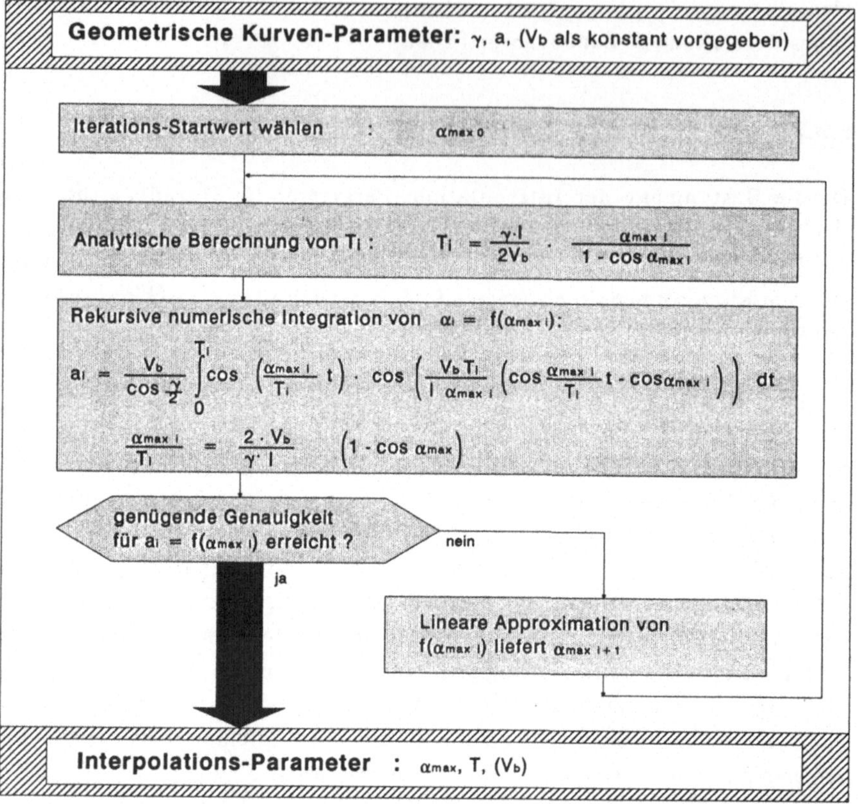

Abb. 6-7 : ***Ermittlung der Interpolations-Parameter durch iterative Berechnung nach der Newton-Raphson-Verfahren mit enthaltener Funktionsberechnung durch numerische Integration***

Prinzipiell besteht auch die Möglichkeit, den zeitlichen Lenkwinkelverlauf derart zu wählen, daß die Bewegungsgleichungen entweder auf ein lösbares Integral führen oder auf eine bekannte mathematische Funktion zurückgeführt werden. Ein Beispiel dafür sind die im Straßenbau verwendeten Klothoiden-Tabellen. Alle derartigen Ansätze führen jedoch auf ungünstige Lenkfunktionen mit schlechter Ausnutzung der Antriebsleistung und hohem Zeit- sowie Raumbedarf.

Für die Bewältigung der gestellten Transportaufgaben ist eine Beschränkung auf einen tabellierten Satz verfügbarer Kurven- und Versatzelementen mit feststehender Geometrie ausreichend. Die Berechnung erfolgt über ein kombiniertes numerisches /90/ und analytisches Verfahren.

Die Einbindung der von der Interpolations-Vorbereitung off-line ermittelten Kurvenformen erfolgt auf Planungsebene durch die Bahnplanung.

Eine sinnvolle Weiterentwicklung der Interpolations-Vorbereitung wäre in einem schnellen Algorithmus zu sehen, der eine direkte universelle Funktionsberechung mit vertretbarer Rechenzeit gestattet. Dadurch wäre die Möglichkeit einer direkten Einbindung in die Roboter-Bewegungssteuerung gegeben. Parallel zur Abarbeitung des aktuellen Bahnsegments könnten die nächsten Interpolationssätze direkt aus der geometrischen Bahnbeschreibungen heraus vorbereitet werden.

7 Versuchsdurchführung und Ergebnisse

7.1 Aufbau des Versuchsträgers IPAMAR

Zum Nachweis von Funktionsfähigkeit und Realisierbarkeit für die entwickelte Sensor- und Steuerungsstruktur sowie zur Erprobung der Leistungsfähigkeit unterschiedlicher Sensorkonzepte wurde das Versuchsträgerfahrzeug IPAMAR (IPA Mobiler Autonomer Roboter) konzipiert und gebaut. Die Auslegung und Dimensionierung erfolgte exemplarisch als Transportfahrzeug für die Leiterplattenfertigung und -montage, da die dort vorherrschenden hohen Flexibilitätsanforderungen und einschränkenden Bodenverhältnisse für ein leitlinienloses Führungsprinzip sprechen.

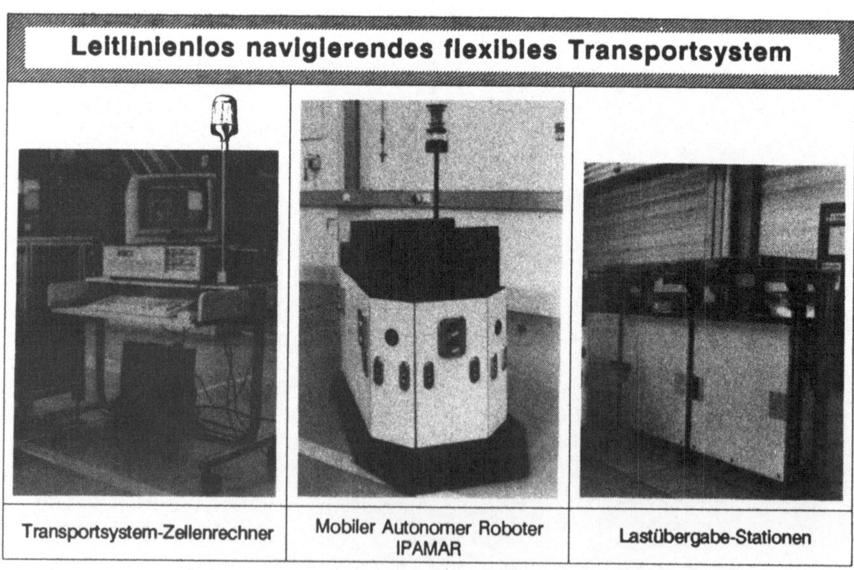

Abb. 7-1 : Systemkomponenten des Versuchsaufbaus

7.1.1 Systemübersicht und Komponentenstruktur

Die Hauptkomponenten des Transportsystems sind das Autonome Fahrzeug, der Transportsystem-Zellenrechner und die Lastübergabestationen (Abb. 7-1). Im weiteren Sinne kann man noch die Batterieladestation sowie die Software-Entwicklungsumgebung dazuzählen.

Entsprechend dem Ziel der maximalen Systemflexibilität sollten die Lastübergabestationen rein passiv gestaltet werden, das heißt ohne Verwendung jeglicher angetriebener Elemente. Bei der gewählten Lösung bestehen die Lastübergabestationen lediglich aus einem Gestell mit zentrierenden Aufnahmepunkten für Normpaletten im Maß 600 x 400 mm. Die Lasthandhabung erfolgt ausschließlich durch das Lastübergabemodul des Fahrzeugs. Generell beinhaltet das Konzept, daß möglichst viele Systemfunktion selbständig durch das Fahr-

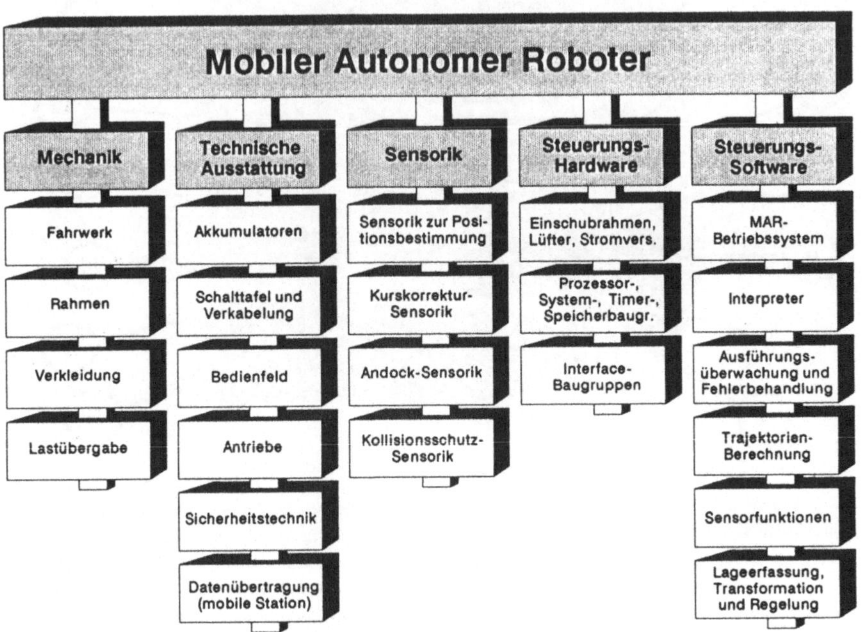

Abb. 7-2 : Komponentenstruktur von IPAMAR

zeug ausgeführt werden. Die Komponentenstruktur des autonomen Fahrzeugs ist in Abb. 7-2 dargestellt.

7.1.2 Mechanische Konstruktion des Versuchsträgerfahrzeugs

Für das Fahrwerk wurde eine Dreiradkinematik mit angetriebenem und gelenktem Vorderrad gewählt. Dieses für kleine Fahrzeuge übliche Konzept ist bei

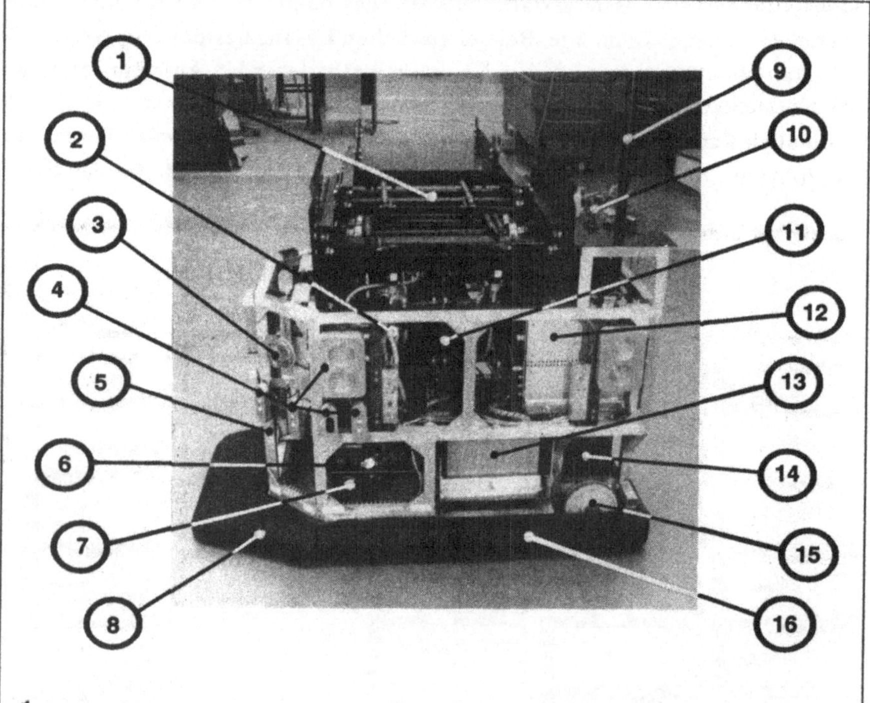

1. Teleskop-Einheit des Lastübergabe-Moduls; **2.** Zentrale Schalttafel; **3.** Fahrtrichtungs-Anzeiger; **4.** Sensorik-Wandlerköpfe; **5.** Rahmen-Konstruktion; **6.** Antriebs-Schalttafel; **7.** Angetriebenes und gelenktes Vorderrad; **8.** Taktiler Sicherheits-Bumper; **9.** Halterung für Warnlampe und Infrarot-Datenübertragung; **10.** Bedienfeld; **11.** Hubeinheit und Schalttafel des Lastübergabe-Moduls; **12.** Einschubrahmen für Steuerungsrechner; **13.** Akkumulatoren; **14.** Kommunikationsrechner der Datenübertragung; **15.** Hinterachse; **16.** Sicherheits-Kontaktleisten.

Abb. 7-3 : Mechanischer Aufbau und Komponentenanordnung des Versuchsträgerfahrzeugs IPAMAR

seitlicher Lastübergabe die einfachste Lösung und bietet darüberhinaus den Vorteil, daß angesichts der statisch bestimmten Fahrzeugauflage weder Federungs- noch Dämpfungselemente erforderlich sind. Der Rahmen ist eine Aluminium-Schweißkonstruktion aus Vierkantprofilen. Die Verkleidung besteht im Sinne einer optimalen Zugänglichkeit der Komponenten vollständig aus abnehmbaren Platten /91/.

Das Lastübergabemodul kann mit einer Hubachse und einer beidseitig ausfahrbaren Teleskopachse Paletten auf den Zentrierelementen der stationären Lastübergabestationen absetzen und von dort wieder ausheben. Die Auslegung auf eine Last von 20 kg ist für den gewählten Anwendungsfall ausreichend. Größere Lasten auf dem Teleskopausleger wären bei Einsatz zusätzlicher seitlicher Stützrollen am Fahrzeugrahmen möglich.

7.1.3 Technische Ausstattung

Die Energieversorgung basiert auf Gitterplattenbatterien mit einer Kapazität von 80 Ah bei einer durchgängigen Versorgungsspannung von 24 V. Gitterplattenbatterien ermöglichen im Gegensatz zu Starterbatterien eine Dauerstromentnahme und weisen im Vergleich zu den auf hohe Lebensdauer ausgelegten Panzerplattenbatterien ein deutlich geringeres Gewicht auf. Die Schalttafeln sind komplett steckbar und demontierbar ausgeführt, wodurch eine gute Wartbarkeit und Erweiterbarkeit gewährleistet wird. Eine einfache Bedienbarkeit durch Werkstattpersonal stand bei der Konzeption des Fahrzeug-Bedienfelds, welches in einer Bedienreihenfolge von links nach rechts aufgebaut ist, im Vordergrund.

Als Antriebe für Fahrantrieb, Lenkung und Lastübergabe sind einfache Gleichstrommotoren in Normalbauform eingesetzt, die von Vierquadranten-Transistorstellern mit analoger Stromregelung angesteuert werden. Drehzahl- und Lageregelung erfolgen digital durch den Bordrechner, der über einen D/A-Wandler direkt den Stromsollwert ausgibt.

Der Versuchsträger ist mit einer vollständigen sichheitstechnischen Ausstattung einschließlich Fahrtrichtungsanzeiger, Warnlampen, Sicherheitsbremse und Notausschalter versehen, wie sie von der Berufsgenossenschaft für FTS-Fahrzeuge vorgeschrieben ist. Als taktiler Kollisionsschutz finden ein Schaumstoffbumper und seitliche Schutzleisten, jeweils mit druckabhängig leitenden Kunststoffbändern als auslösendem Schaltelement, Verwendung.

Zwischen Fahrzeug und stationärem Zellenrechner ist mittels einer Infrarot-Datenübertragung eine ortsunabhängige permanente Kommunikation möglich.

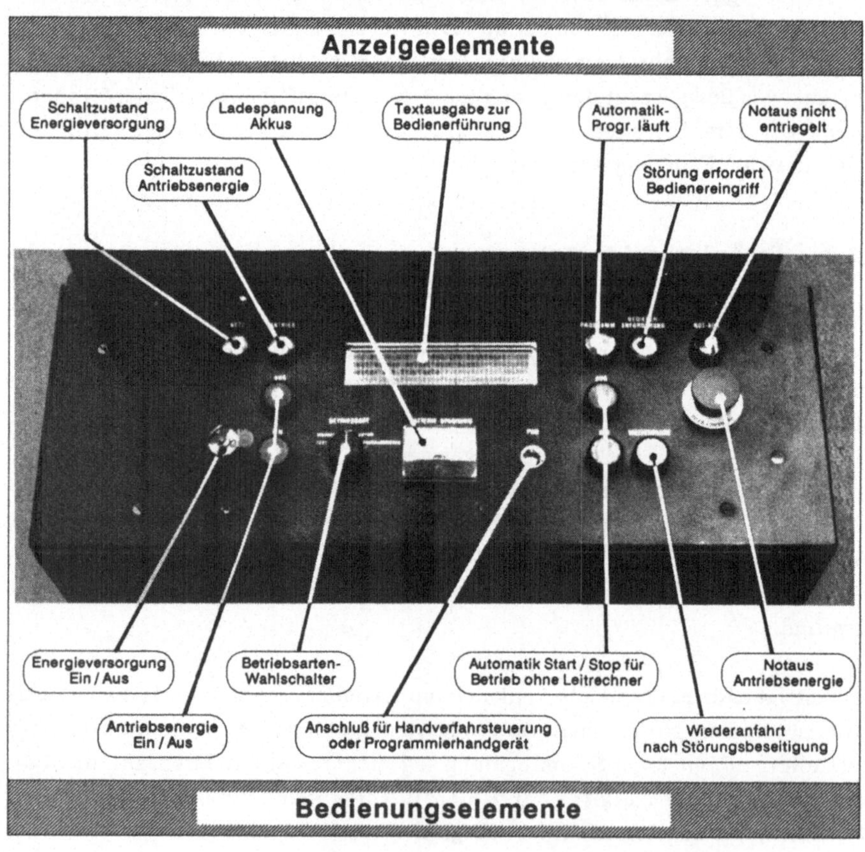

Abb. 7-4 : ***Maschinenbedienfeld des Versuchsträger-Fahrzeugs IPAMAR***

Gegenüber der ebenfalls einsetzbaren Funkdatenübertragung unterliegt das Infrarotprinzip nicht der Genehmigungspflicht durch die Post und verursacht gleichzeitig deutlich geringere Kosten /92/. Ein eigener Kommunikationsrechner an jeder Sende-/Empfangseinheit gewährleistet über ein Sicherungsprotokoll eine fehlerfreie und verlustfreie Übertragung selbst bei zwischenzeitlichen Unterbrechungen.

7.1.4 Sensorik

Die Koppelnavigation basiert auf den für die Motorregelung verwendeten Winkelaufnehmern. Der Fahrweg-Inkrementgeber mit 512 Impulsen pro Umdrehung ermöglicht durch die Anbringung an der Motorwelle eine sehr hohe Auflösung. Für die Lenkwinkelmessung hat es sich bewährt, zur Vermeidung des kritischen Getriebespiels ein Einwendel-Potentiometer direkt an der Lenkach-

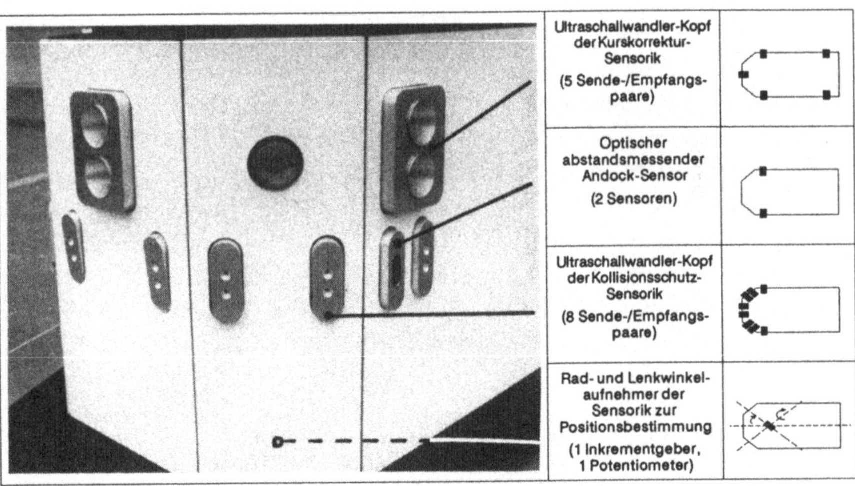

Abb. 7-5 : Anordnungen der Sensoren für Positionsbestimmung, Umgebungserkennung und Kollisionsschutz

se zu montieren. Bei den optischen Andock-Sensoren handelt es sich um preiswerte käufliche Sensoren mit Leuchtdioden als Sender und PSD-Elementen als Empfänger, die eine Genauigkeit von 1mm erreichen.

Speziell für die Anforderungen mobiler autonomer Roboter wurde die für Kurskorrektur und Kollisionsschutz gemeinsam verwendete Ultraschallsensorik entwickelt. Die Technik der gezielten Beeinflussung der Abstrahlcharakteristik durch aufgesetzte Schallkanäle /58/ ermöglicht den Einsatz einfacher und preiswerter Wandlerelemente. Mit der getrennten Anordnung von Sende- und Empfangswandlern können auch kurze Meßabstände erfaßt werden. Bei der Kurskorrektur-Sensorik werden mit dem größeren, stark fokussierenden Schallkanal schmale Schallkeulen mit maximalen Meßweiten oberhalb von 12 m erfaßt. Ein lückenloser Kollisionsschutz in alle Fahrtrichtungen, der auch alle textilen Oberflächen von Kleidungsstücken sicher erkennt, wird mit acht Wandlerpaaren mit kleinen aufweitenden Schallkanal-Aufsätzen erreicht.

7.1.5 Steuerungshardware

Die komplette Steuerungselektronik einschließlich der Sensorelektronik ist in einem 19-Zoll-Einschubrahmen im Doppeleuropakartenformat untergebracht. Das Multiprozessorsystem auf VME-Bus-Basis besteht aus zwei 32-bit-Prozessoren, jeweils mit Floating-Point-Coprozessor, die über einen gemeinsamen Speicherbereich gekoppelt sind. Ein statischer CMOS-RAM-Speicher ermöglicht die Betriebsbereitschaft des Steuerungssystems nach Einschalten der Fahrzeug-Spannungsversorgung unter Beibehaltung der aktuellen Fahrkursprogramme, Transportaufträge und Steuermeldungen. Kennzeichnend für die Steuerungshardware ist die hohe Zahl der Schnittstellen nach außen (Abb. 7-6).

7.1.6 Implementierung der Steuerungs-Software

Die Implementierung der Steuerungs-Software erfolgte komplett in der Hochsprache C, da diese eine hohe Ausführungsgeschwindigkeit, eine kurze Entwicklungszeit und durch die Möglichkeit zur direkten Hardware-Adressierung die durchgängige Realisierung der Software ,einschließlich Hardwaretreiber, in

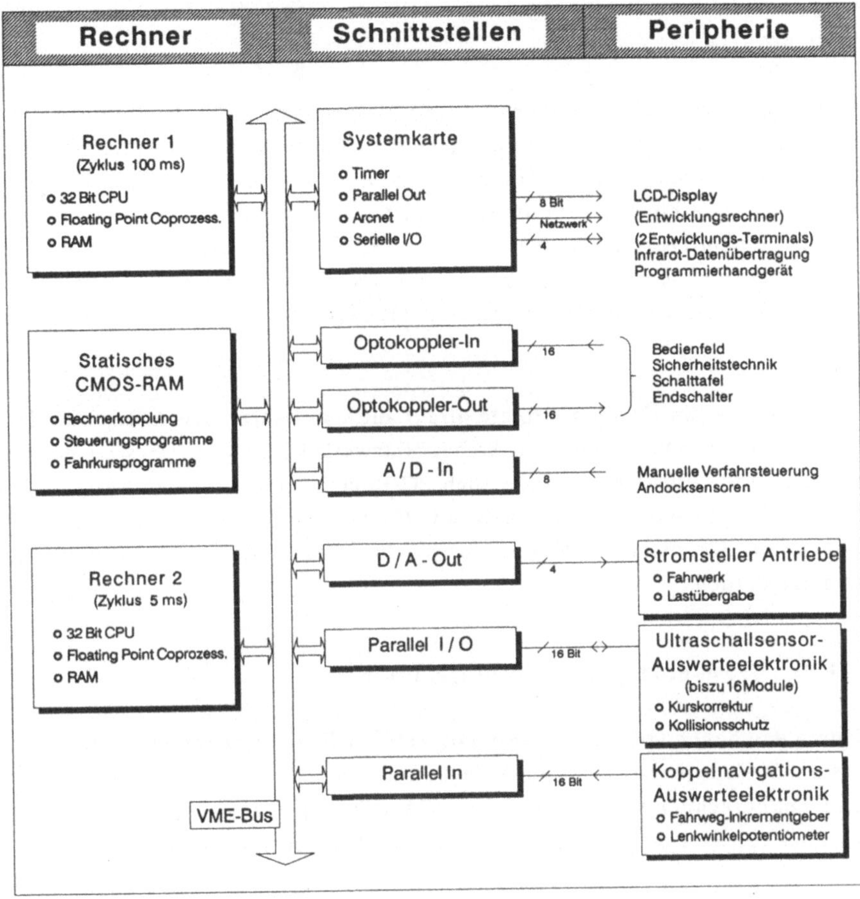

Abb. 7-6 : Struktur des Steuerungsrechners und Schnittstellenübersicht

einer einheitlichen Sprache ermöglicht. Auf dem Fahrzeugrechner sind die Komponenten Ablaufsteuerung, Bewegungssteuerung und Umgebungserfassung implementiert. Zwischen den hardwareabhängigen Interfacetreibern, Rechnerkopplungsfunktionen und Timerroutinen einerseits sowie den hardwareunabhängigen Steuerprogrammen andererseits wurden klare Schnittstellen definiert.

Hinsichtlich der Anforderungen an den Bearbeitungszyklus lassen sich zwei Gruppen von Programmteilen unterscheiden. Lageerfassung, Regelung, Koordinatentransformation und Feininterpolation erfordern bei mäßigem Rechenzeitbedarf eine hohe Bearbeitungssequenz und sind mit einer Zykluszeit von 5ms auf einem Prozessor zusammengefaßt /93/. Dagegen erfordern die Ablaufsteuerung, die Sensorfunktionen und die Grobinterpolation lediglich einen Bearbeitungszyklus von 100ms und sind auf dem zweiten Prozessor implementiert /94/.

Die Software-Entwicklung erfolgte direkt auf dem Fahrzeugrechner unter dem Betriebssystem OS9. Über ein Arcnet-Netzwerk können die Massenspeicher weiterer VME-Bus-Rechner und auch PC-Rechner angesprochen werden. Auf letzteren konnten die leistungsfähigen C-Entwicklungswerkzeuge der MS-DOS-Umgebung für die Entwicklung der hardwareunabhängigen Programmteile genutzt werden.

7.1.7 Transportsystem-Zellenrechner

Durch den hohen Grad an Eigenständigkeit der Fahrzeuge kann der Transportsystem-Zellenrechner von den Aufgaben der Zielsteuerung entlastet werden. Der Zellenrechner wird sowohl für die Generierung neuer Fahrkursprogramme als auch für die Eingabe und Verwaltung der Transportaufgaben eingesetzt.

Die Software auf dem Zellenrechner wurde so gestaltet, daß ein IBM-PC/AT mit EGA-Monitor für die Bearbeitung ausreichend ist. Durch die geringen Kosten und die hohe Verbreitung in der Industrie ergeben sich dadurch erhebliche Vorteile. Die Implementierung der Software erfolgte ebenfalls komplett in der Hochsprache C unter dem Betriebssystem MS-DOS. Es wurden leistungsfähige Treiberprogramme für die Verbindung zum Transportfahrzeug über die stationäre Infrarot-Datenübertragung und für die Verbindung zu einem übergeordneten Fertigungsleitrechner entwickelt. Für die Eingabe der Transportaufträge besteht damit wahlweise die Möglichkeit der direkten Eingabe am PC als

Disponententerminal oder der automatischen Vorgabe durch den Fertigungsleitrechner.

Das Umgebungsmodell wird als einfacher, nur die wesentlichen Elemente enthaltender CAD-Grundriß eingegeben. Dabei wurde auf eine einfache Bedienbarkeit auch durch den Anwender Wert gelegt. Die Bedienung ist durchgängig menügesteuert mit einer Eingabe über Maus. Zahleneingaben können zusätzlich wahlweise auch über Tastatur durchgeführt werden. Aus diesen CAD-Daten werden anschließend die Steuersequenzen für den Fahrkurs als Folge von Bahnfahraktionen, Sensoraktionen und Lastübergabeaktionen automatisch generiert /95/. Die erzeugten Steuersequenzen können in einem Simulationslauf graphisch dargestellt und auf richtige Funktion überprüft werden.

Im Normalfall werden alle Transportfahrten eines Fahrkurses geschlossen generiert und auf das autonome Transportfahrzeug übertragen sowie abgespeichert, so daß für die Auftragsvergabe der Zellenrechner lediglich Start- und Zielstation sowie Angaben zur Lastart vorgeben muß. Darüber hinaus ist jedoch auch insbesondere für sehr komplexe Fahrkurse die On-line-Generierung und Übertragung von Steuersequenzen für jeden Transportauftrag möglich.

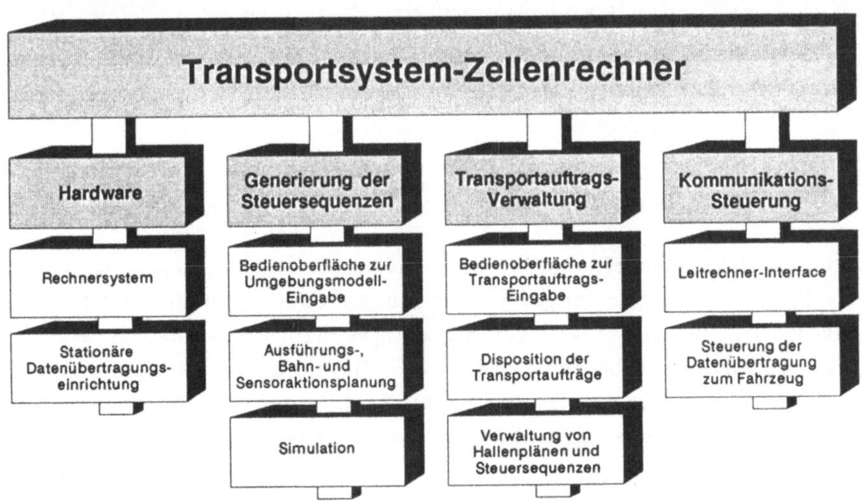

Abb. 7-7 : Komponentenstruktur des Transportsystem-Zellenrechners

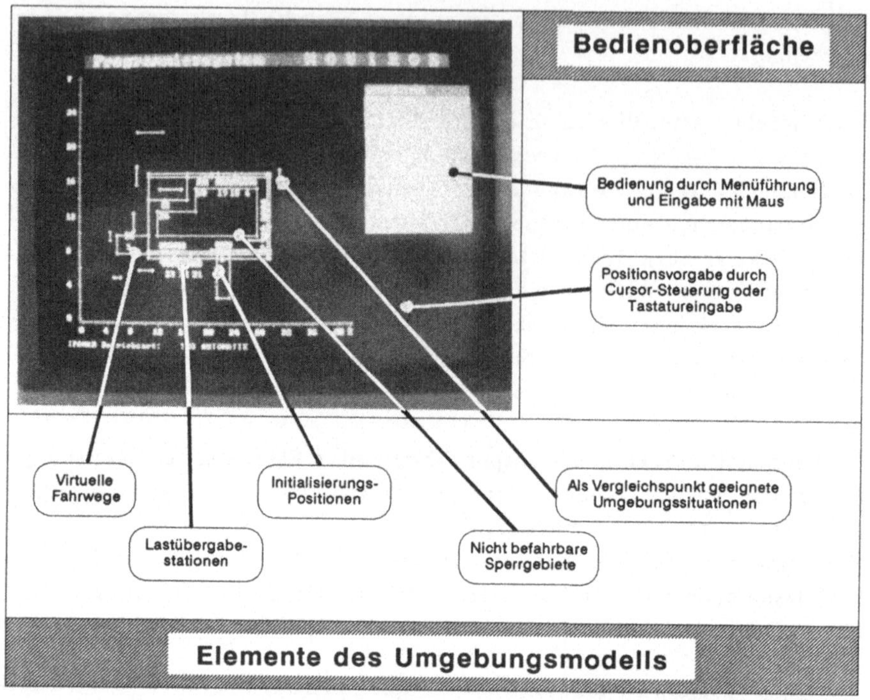

Abb. 7-8 : Eingabe und Darstellung des Umgebungsmodells

7.2 Versuchsergebnisse

Im Sinne der Lastenheftanforderungen sind primär die technische Machbarkeit, die Einsetzbarkeit in einer realen Fertigungsumgebung und die wirtschaftliche Machbarkeit für die Sensor- und Steuerungsstruktur nachzuweisen. Während die technische Machbarkeit der im wesentlichen aus Software bestehenden Steuerungskomponenten als Ja-nein-Entscheidung durch die Funktion demonstriert werden kann, sind für die Sensorkomponenten die Erprobung der Leistungsgrenzen entscheidend.

7.2.1 Funktionsnachweis für das Sensor- und Steuerungssystem

Der Funktionsnachweis für das entwickelte Prinzip eines Sensor- und Steuerungssystems zur leitlinienlosen Führung von Flurförderzeugen beinhaltet unter Bezugnahme auf die Lastenheftanforderungen die folgenden Einzelpunkte:

- technische Machbarkeit der Fahrzeugnavigation ohne stationäre Führungseinrichtungen,
- Fähigkeit zum Echtzeitbetrieb,
- Bewältigung realer Fertigungsumgebungen.

Durchgeführt wurde der Funktionsnachweis anhand einer komplexeren Transportsystem-Demonstrationsanlage mit dem IPA-Versuchsfeld als Fertigungsumgebung /96/. Die Sensor- und Steuerungsstruktur wurde dazu auf dem Versuchsträgerfahrzeug IPAMAR implementiert. Am Versuchsbetrieb waren alle funktionalen Komponenten einschließlich der CAD-Umgebungsmodelleingabe und der automatischen Steuersequenzgenerierung beteiligt.

Die Versuchsfahrten zeigten, daß alle gestellten Transportaufträge, soweit aufgrund der Fahrwerkskinematik des Versuchsträgers möglich, mit der Kombination aus Koppelnavigation und Stützung durch Umgebungserkennung bewältigt werden konnten. Die Sensormessungen erfolgten aus voller Fahrt heraus, so daß weder durch den Sensoreinsatz verursachte noch durch Rechenzeiten bedingte Wartezeiten, die den Echtzeitbetrieb einschränken, festgestellt werden konnten. Selbst bei der zunächst ungenauen Sensorjustierung erwies sich das Navigationssystem als sehr robust, da aufgetretene Meßfehler bei der jeweils folgenden Stützpunktmessung egalisiert werden und keine Fehleraufsummierung festzustellen ist.

Zwischen der recht hohen Wiederholgenauigkeit der Koppelnavigation und der absoluten Genauigkeit beim Anfahren der off-line berechneten Vergleichspunkte für die Stützpunktmessungen stellte sich allerdings in der Praxis ein gravierender Unterschied heraus. Neben den kompensierbaren Fertigungsungenauigkeiten des Versuchsträger-Fahrwerks wird diese Abweichung durch statistisch verteilte Bodenunebenheiten und Bodenneigungen verursacht. Bei der Fahrkurs-Installation erforderte dieser Umstand ein "Nachteachen" der Relativpositionen der Umgebungsvergleichspunkte in den Sensoraktionen zur Istlage-Korrektur. Damit kann anschließend von der ausreichend guten Wiederholgenauigkeit ausgegangen werden.

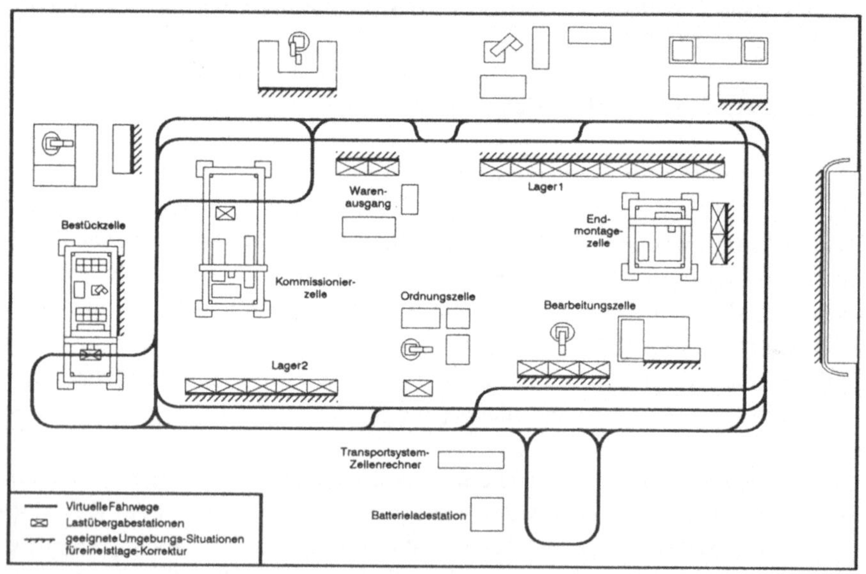

Abb. 7-9 : Layout der Transportsystem-Demonstrationsanlage für den Funktionsnachweis

Der vorausschauende Kollisionschutz mit rechnergesteuertem Anhalten und automatischer Weiterfahrt erwies sich als effektive Maßnahme zur Verringerung der Anzahl notwendiger Bedienereingriffe. Eine zusätzliche Störungsquelle entsteht jedoch durch den Fall, daß bei Sensormessungen zur Istlagekorrektur die Umgebungsreferenzen durch Hindernisse verstellt sind. Da als Umgebungsreferenzen bevorzugt direkt an die Transportwegbegrenzung angrenzende

Objekte gewählt wurden, handelt es sich bei diesen Hindernissen meistens um Personen oder bewegte Transportmittel. Zur automatischen Reaktion auf diese Arten von Störung wurde eine einfache Fehlerbehandlungsstrategie realisiert, die das Fahrzeug bei erkannter Fehlmessung anhält, weiterhin vergleicht und bei Verschwinden des Hindernisses die Fahrt korrekt fortsetzt.

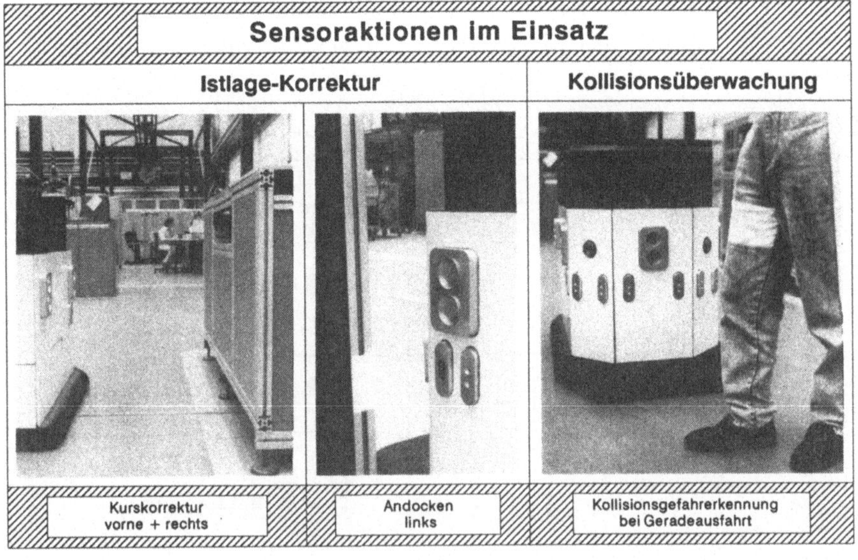

Abb. 7-10 : Einsatzsituationen der Sensorsysteme in der Demonstrationsanlage.

7.2.2 Leistungsgrenzen der zur Navigation eingesetzten Sensoren

Die realisierten Sensorsysteme sind als Ergebnis der vorausgegangenen systematischen Analyse die einfachste Lösung zur Erfüllung der funktionalen Anforderungen des Gesamtkonzepts. Das Steuerungskonzept ist offen für den Einsatz anderer Sensorsysteme mit höherer Komplexität und Leistungsfähigkeit, sofern die funktionellen Minimalanforderungen als Untermenge enthalten sind. Davon ausgehend, sind die nachfolgenden Meßergebnisse als Einsatzgrenzen der einfachsten möglichen Lösungsvariante zu verstehen.

7.2.2.1 Wiederholgenauigkeit der Positionsbestimmung

Unter Zugrundelegung eines Nachteachens der Umgebungs-Vergleichspunkte ist die Wiederholgenauigkeit der Koppelnavigation bestimmender Faktor für die maximale Reichweite zwischen zwei Vergleichsstützpunkten. Die Wiederholgenauigkeit wurde durch eine hohe Anzahl von Meßfahrten untersucht. Eine repräsentative Auswahl zeigt Abb. 7-11 mit der Abweichung in zwei Positionskoordinaten und der Orientierung am Zielpunkt. Um einen ausagekräftigen

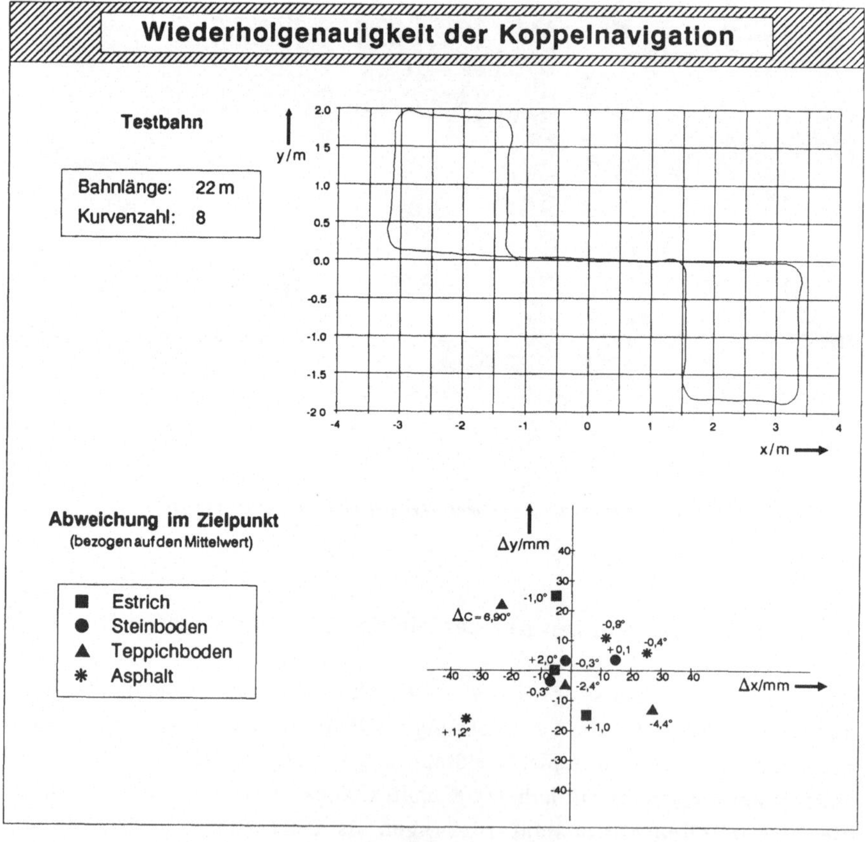

Abb. 7-11 : Versuchsergebnisse für die Positionsbestimmung aus Radumdrehung und Lenkwinkelstellung

Querschnitt zu erhalten, wurden bei den Meßreihen Bahnsequenzen auf unterschiedlichen Böden gefahren sowie unterschiedliche Meßorte gewählt. Die als Referenzstrecke gewählte Bahnform ist ebenfalls in Abb. 7-11 dargestellt. Diese gibt die absolut gemessene und tatsächlich gefahrene Bahn wieder. Es ist erkennbar, daß die Kurvenabschnitte einen maßgeblichen Einfluß auf die Genauigkeit ausüben.

Es fällt auf, daß bei einer reinen Geradeausfahrt die Fahrtrichtung deutlich genauer erfaßt wird als die seitliche Abweichung und als die Fahrzeugorientierung. Unter Zugrundelegung der im Lastenheft geforderten maximal zulässigen Bahnabweichung ergeben sich beim gegenwärtigen Stand der Koppelnavigation Reichweiten von ca. 25 m als maximal zulässige Distanz zwischen zwei Vergleichspunkten.

7.2.2.2 Genauigkeit des Ultraschallsensors zur Kurskorrektur

Die Kurskorrektursensorik hat die absolute Stützung der Istpositionsschätzung zur Aufgabe, ist aber gleichzeitig maßgebend für die Anfangsgenauigkeit, von der aus der mobile autonome Roboter den Kursabschnitt bis zum nächsten Umgebungsvergleichspunkt startet. Zwischen den Stützpunktmessungen addiert sich dieser Fehler zur Ungenauigkeit der Koppelnavigation.

Als Maß für die Meßgenauigkeit des Sensorsystems wurde eine statistische Häufigkeitsverteilung der in kartesischen Koordinaten ausgegebenen Abweichungsdaten aufgenommen. Dabei lag eine exakte Positionierung des Fahrzeugs im Stand gegenüber idealisierten Umgebungssituationen zugrunde. Die Meßreihen mit einer hohen Anzahl von Einzelmessungen wurden jeweils im Abstand von 1m und von 5m gegenüber parallelen Wandabschnitten an Front und Seite durchgeführt. Bei den seitlichen Messungen kann der Einfluß der Fahrzeuggeschwindigkeit vernachlässigt werden, für die frontale Messung wird trotz des großen Unterschieds zwischen Fahrzeug- und Schallgeschwindigkeit eine rechnerische Laufzeitkompensation vorgenommen.

Es zeigt sich, daß die Genauigkeit in Längs- und in Querrichtung im Vergleich zur Koppelnavigation völlig ausreichend und unkritisch ist. Bei größeren Entfernungen zwischen zwei Stützpunkten kann jedoch der Fehler in der Orientierungsmessung zu Problemen führen. Ansätze für eine denkbare Weiterentwicklung sind zum einen die Mittelwertbildung über Mehrfachmessungen und zum anderen die Orientierungsfehlerschätzung aus der gemessenen Positionsabweichung in Verbindung mit der zurückgelegten Weglänge und dem Fahrtrichtungsverlauf.

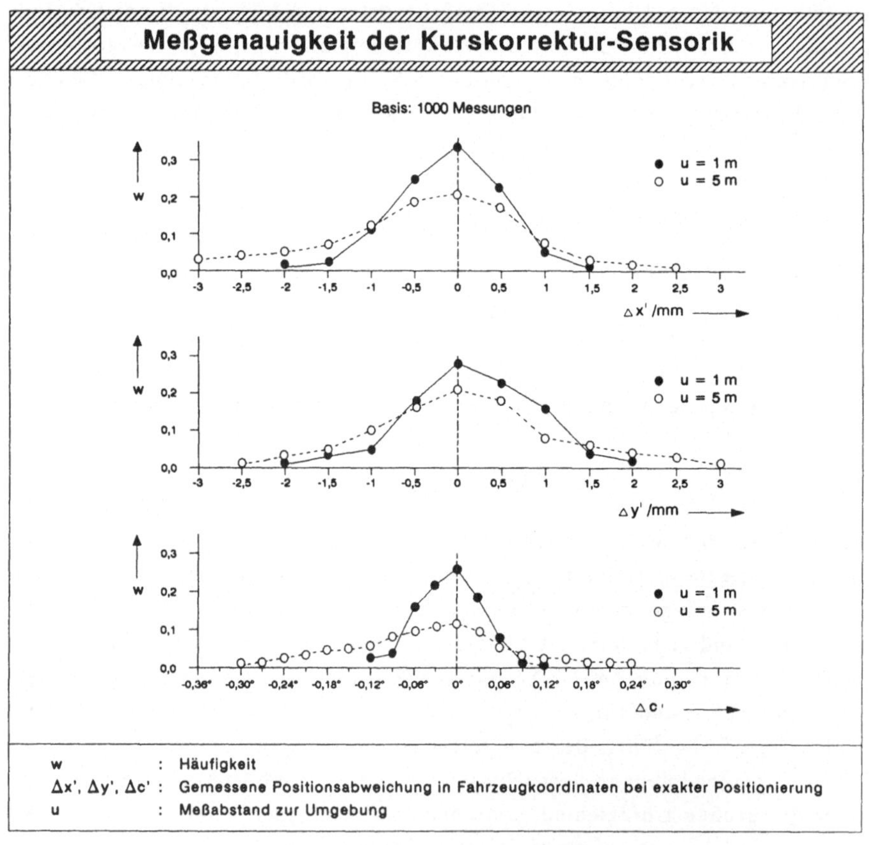

Abb. 7-12 : Häufigkeitsverteilung der Meßwertabweichungen des Ultraschall-Sensorsystems zur Kurskorrektur

7.2.3 Betrachtung der wirtschaftlichen Realisierbarkeit

Der Forderung nach Realisierbarkeit innerhalb eines wirtschaftlich vertretbaren Kostenrahmens wurde in der Konzeption durch Analyse und Beschränkung auf die minimalen funktionalen Anforderungen Rechnung getragen. Maßstab für die Bewertung der wirtschaftlichen Machbarkeit sind zunächst die Anschaffungskosten im Vergleich mit dem heutigen Standard der induktiv geführten Systeme.

Dem Fortfall der Bodeninstallationen stehen bei der leitlinienlosen Führung fahrzeugseitige Mehrkosten durch die höhere Fahrzeugintelligenz gegenüber. Legt man für die Kosten der gesamten Bodeninstallationen induktiv geführter Systeme einen Durchschnittswert von 300 DM pro laufenden m Fahrweg zugrunde, so ergibt sich mit den statistischen Mittelwerten von 820 m Fahrkurslänge und 10 Fahrzeugen je Anlage ein Betrag von 24.600 DM als Kostenumlage pro Fahrzeug. Die statistischen Daten über installierte Anlagen sind einer umfangreichen Betreiberumfrage /97/ entnommen. Demgegenüber stehen bei der entwickelten leitlinienlosen Führung fahrzeugseitige Mehrkosten für Kurskorrektur-Sensorik, Andocksensorik, zusätzliche Sicherheitseinrichtungen, erhöhte Rechnerleistung und bodenunabhängige Datenübertragung. Eine beispielhafte Abschätzung anhand des realisierten Versuchsträgers führt, basierend auf dem heutigen Stand und extrapoliert auf die Durchentwicklung zu einem Serienprodukt, auf Mehrkosten von 15.000 DM je Fahrzeug.

Die vorstehende Gegenüberstellung verdeutlicht, daß sich eine leitlinienlose Führung insbesondere für Anlagen mit einer großen Fahrkurslänge pro eingesetztem Fahrzeug rentiert. Für die beschriebene Beispielrechnung ergibt sich ein Grenzwert von 50 m Fahrkurs je Fahrzeug. Trotz aller Unwägbarkeiten einer in die Zukunft gerichteten Kostenabschätzung läßt sich anhand der Größenordnung eine Realisierbarkeit des entwickelten Sensor- und Steuerungssystems für die leitlinienlose Führung unter wirtschaftlichen Randbedingungen nachweisen.

Über den direkten Kostenvergleich hinaus bestehen weitere wichtige indirekte Vorteile des leitlinienlosen Prinzips:

- bei Fahrkursänderungen entstehen keine Hardware-Kosten für das Verlegen neuer Bodeninstallationen,

- keine durch den Hersteller durchzuführende Software-Entwicklungsarbeiten bei Fahrkursänderungen,

- Fahrkursänderung ohne nennenswerte Ausfallzeiten,

- der innerbetriebliche Transport wird bei Fahrkursänderung nicht behindert,

- Einsetzbarkeit auch bei schwierigen Bodenverhältnissen,

- einfache und schnelle Inbetriebnahme der Anlage.

Insgesamt kann also, vorbehaltlich der Verfügbarkeit einer verkaufsfähigen Produktentwicklung, bei einem hohen Gewinn an Flexibilität sogar noch von einer Kostensenkung ausgegangen werden.

7.3 Diskussion der Ergebnisse

7.3.1 Lastenheftanforderungen und Zielerreichung

Ein Vergleich der vorliegenden Versuchsergebnisse mit den eingangs gestellten Lastenheftanforderungen zeigt, daß die Kernanforderungen nach technischer Machbarkeit in realen Umgebungsverhältnissen bei gleichzeitiger Wirtschaftlichkeit durch das entwickelte Sensor- und Steuerungskonzept erfüllt werden.

Auch die Flexibilität der Fahrkursgestaltung mit einfacher Inbetriebnahme und der Möglichkeit der Fahrkursänderung ohne Störung der laufenden Produktion wird erreicht. Die Funktionen der Fahrzeug-Bahnführung, der Positionierung an Haltepunkten, der Istpositionsbestimmung, der Sicherung von Blockstrecken und Kreuzungen sowie der Datenübertragung werden ohne Installation von Bodenanlagen oder sonstigen stationären Leiteinrichtungen gelöst. Die Anpassung der Steuerungssoftware durch eine automatische Generierung aufgrund einfacher Layoutdaten wird erreicht. Es muß allerdings ein Nachteachen der Umgebungsvergleichspunkte im CAD-Layout in Kauf genommen werden, da, analog zu der Situation bei Industrierobotern, ein erheblicher Unterschied zwischen der Absolutgenauigkeit off-line erstellter Bewegungsprogramme und der Wiederholgenauigkeit von im Teach-in-Verfahren generierten Programmen besteht. Maßgeblicher Einflußfaktor ist hier die unvermeidliche Unebenheit des Bodens. Ebenso ist die begrenzte Genauigkeit der verfügbaren oder gemessenen Grundrißdaten zugrundezulegen.

Die Detailanforderungen an die Komponenten Fahrzeugsteuerung sowie Sicherheit und Störungsbehandlung konnten ebenfalls realisiert werden. Lediglich die Wunschoptionen sensorgestütztes Umfahren von Hindernissen und lokale Fahrtrouten-Umplanung bei teilweise bzw. vollständig blockierten Fahrwegen bleiben als eigenständige Forschungsthemen weiterführenden Arbeiten vorbehalten. Die konzeptionellen Grundlagen für die Integration dieser Funktionen sind bereits geschaffen.

7.3.2 Einsatzbereiche und Einsatzgrenzen

Das vorgestellte Sensor- und Steuerungssystem läßt sich auf alle gängigen Fahrwerkskinematiken und Fahrzeugarten übertragen. Für den Einsatz in engen Regalgassen zum Kommissionieren oder zum regalunabhängigen Ein-/Auslagern sind allerdings aufgrund der erhöhten Genauigkeitsanforderungen und der speziellen Umgebungsbedingungen andere Sensorprinzipien für die Umgebungserkennung erforderlich. Das Steuerungsprinzip kann ansonsten auch hier eingesetzt werden.

Bisher wurde der Betrieb von Anlagen mit einem Fahrzeug nachgewiesen. Der Mehrfahrzeugbetrieb ist prinzipiell unter Verwendung üblicher Leit- und Dispositionssysteme für FTS-Anlagen machbar. Bei Verwendung eines berührungslosen Ultraschall-Kollisionschutzes muß noch eine Lösung gefunden werden, um im Falle einer Begegnung auf benachbarten Bahnen die Schallechos unterschiedlicher Fahrzeuge zu trennen. Die Absicherung von Blockstrecken, Kreuzungen und Abzweigungen kann, wie heute bereits von einigen Herstellern realisiert, virtuell auf dem Transportsystem-Leitrechner erfolgen. Bei einer großen Anzahl von Fahrzeugen führt dies jedoch durch die vielen Anfragen und Freigaben von Einfahrtgenehmigungen zu hohen Anforderungen an die Datenübertragungsrate.

Der Einsatz der entwickelten leitlinienlosen Fahrzeugführung ist besonders vorteilhaft bei hohen Flexibilitätsanforderungen, bei Unzulässigkeit der Anbringung von Leitlinien oder bei einem geringen Verhältnis von Fahrzeuganzahl zu Fahrkurslänge. In besonderem Maße treffen diese Randbedingungen auf die Anwendungsbereiche Produktionsver- und -entsorgung, flexible Fertigungssysteme, flexible Verkettung von Montagearbeitsplätzen sowie beim Austeilen von Waren zu. Dagegen bleiben in Warenverteilzentren und in Großanlagen der Automobil-Endmontage die Layouts in der Regel über lange Zeiträume hinweg konstant bzw. ist die Fahrzeuganzahl sehr hoch, so daß hier Einsatzvorteile der leitlinienlosen Führung weniger zur Geltung kommen.

Bezüglich der vorauszusetzenden Bodenqualität stellt die leitlinienlose Fahrzeugführung deutlich geringere Anforderungen, als konventionelle Systeme und kann selbst auf sogenannten Problemböden noch eingesetzt werden. Für den Einsatz innerhalb von Produktionsgebäuden und im Bürobereich ist die vorgestellte Minimalversion der Sensorik für die überwiegende Mehrzahl der Einsatzfälle ausreichend. Der Einsatz aufwendigerer Sensorsysteme bzw. die Kombination mit weiteren Sensorprinzipien wird notwendig beim Befahren großer Flächen ohne geeignete stationäre Vergleichspunkte, beim Einsatz in Außenbereichen und beim Einsatz in extrem zerklüffteten Umgebungsbereichen, in denen noch nicht einmal kleine, stationäre Wandabschnitte existieren. Abschließend soll auf die Möglichkeit der abschnittsweisen Kombination von konventionellen und leitlinienlosen Führungsprinzipien hingewiesen werden.

7.3.3 Ansatzpunkte für weiterführende Forschungsarbeiten

Die systematische Betrachtung mobiler autonomer Roboter als Forschungsgegenstand befindet sich noch in den Anfängen. Auf Basis der vorgestellten Systematik von Komponenten, Sensorfunktionen, Steuerungsfunktionen und Lösungsvarianten sowie der entwickelten Integrierten Sensoraktionsplanung als Grundlage eröffnet sich eine Vielzahl weiterführender Themenstellungen

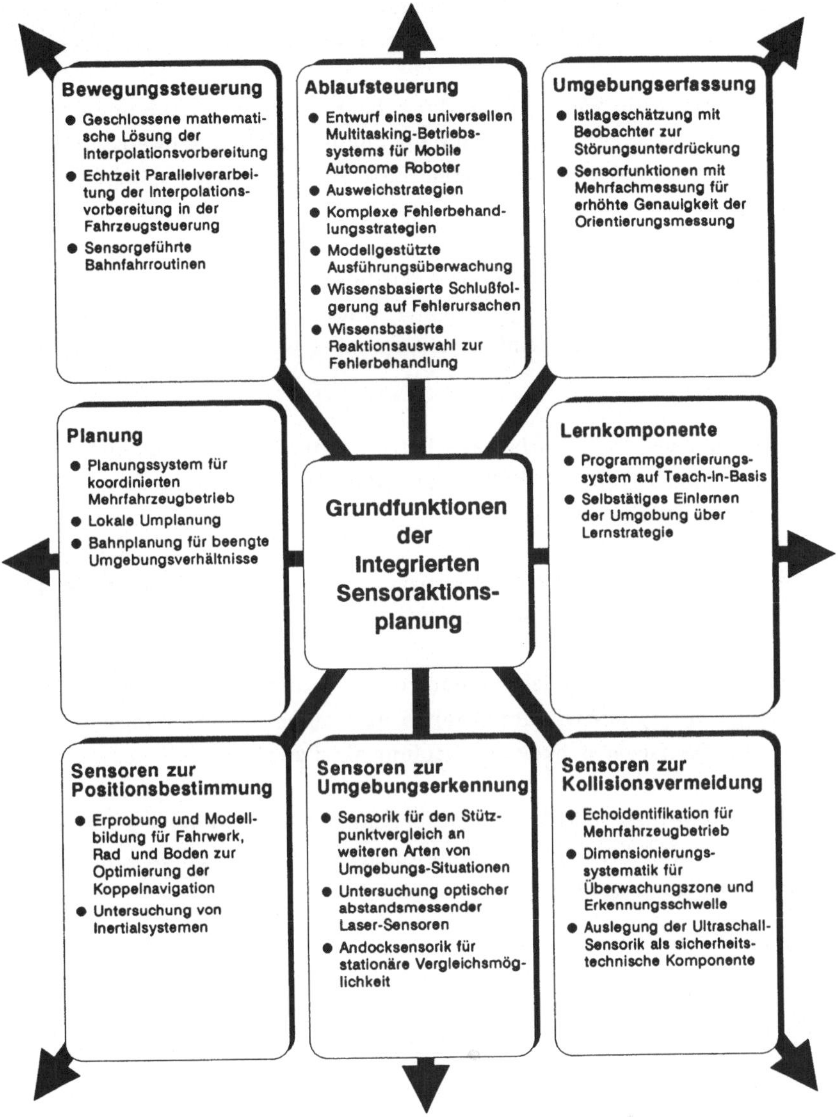

Abb. 7-13 : Weiterentwicklungsmöglichkeiten der Integrierten Sensoraktionsplanung

zum einen in der separierten Betrachtung der Einzelkomponenten und zum anderen in der Entwicklung höherer Ergänzungsfunktionen.

Schwerpunkte für die Weiterentwicklung der Sensor- und Steuerungsarchitektur lassen sich in der Erkennung und Behandlung von Modellabweichungen, der Leistungssteigerung der Sensorsysteme und der Entwicklung höherer autonomer Funktionen erkennen.

Speziell für den Anwendungsfall der leitlinienlosen Führung automatischer Flurförderzeuge ergeben sich neben der Umsetzung durch eine industrielle Produktentwicklung die folgenden Schwerpunkte weiterführender Zielsetzungen:

- Erweiterung auf den Mehrfahrzeugbetrieb unter Betrachtung der Verkehrsüberwachung, der Ultraschallsensor-Echoidentifikation sowie der Anbindung an ein Dispositionssystem,

- Strategien zur vereinfachten, evtl. sogar automatisierten Erfassung der Geometriedaten der Fertigungsumgebung,

- Untersuchung der Einsatzrandbedingungen leitlinienlos geführter Flurförderzeuge mit systematischer Analyse auftretender Umgebungsstrukturen und einer Wirtschaftlichkeitsbetrachtung als Planungsgrundlage.

Perspektiven für die Zukunft sind darüber hinaus die Erweiterung des Navigationsprinzips auf nichtebene Bewegungsräume mit sechs Freiheitsgraden sowie die Übertragung auf weitere Anwendungsbereiche.

8 Zusammenfassung und Ausblick

Bestehende Automatisierungslösungen für die Führung von Flurförderzeugen gewährleisten bei häufigem Änderungsbedarf keine ausreichende Flexibilität der Fahrkursgestaltung. Flexibilitätseinschränkungen resultieren im wesentlichen aus den zu installierenden linien- oder punktförmigen Navigationshilfen und anlagenspezifischen Software-Entwicklungsarbeiten. Der Lösungsansatz einer freien Navigation von Flurförderzeugen mittels gespeicherter Umgebungsplaninformation und Sensoren zur Umgebungserkennung führt auf die Forschungsthematik der mobilen autonomen Roboter. In der vorliegenden Arbeit wurde ein Sensor- und Steuerungskonzept für die leitlinienlose Führung automatischer Flurförderzeuge entwickelt. Zentrale, erstmals gelöste Kernanforderungen sind die technische Funktionsfähigkeit in Echtzeit, die Bewältigung realer Fertigungsumgebungen und die wirtschaftliche Realisierbarkeit.

Zunächst wurde eine Einteilung der Gerätearten mobiler Roboter und eine Definition für die Gruppe der mobilen autonomen Roboter vorgestellt. Weiterhin wurden Einordnungssystematiken für die Verfahren zur Positionsbestimmung und Bahnführung von Fahrzeugen sowie für die Gliederung mobiler autonomer Roboter in Komponenten erarbeitet. Darauf aufbauend wurde eine allgemeine Systematik für die notwendigen oder möglichen Funktionen der zentralen Komponenten Sensorik und Steuerung entwickelt.

Die Analyse der Funktionen basiert auf einer Auswertung von ca. 300 weltweit bekannten Projekten. Für die Sensorik lassen sich acht Hauptfunktionen abstrahieren, von denen die Funktionen Positionsbestimmung, Umgebungserkennung und Kollisionsschutz für mobile autonome Roboter relevant und unabdingbare Voraussetzung zur Aufgabenerfüllung sind. Die prinzipiell möglichen Lösungsansätze sind weitgehend bekannt, jedoch für den Fall einer allgemeinen detaillierten Umgebungsabbildung mit extremem Aufwand behaftet, und wurden in Übersichten zusammengestellt. Als Hauptfunktionen des Steuerungssystems lassen sich Planung, Ablaufsteuerung, Bewegungssteuerung, Umgebungserfassung und Lernkomponente unterscheiden, die sich zusammen wiederum in insgesamt 21 Unterfunktionen untergliedern. Lösungsansätze existieren für die

Steuerungskomponenten nur punktuell, wie für Bahnplanung und Datenstruktur des globalen Umgebungsmodells. Wesentliche Bereiche der Steuerung mußten von den vorhandenen Grundlagen her noch als ungelöst bezeichnet werden, wobei die Bandbreite der Realisierbarkeit von als „Stand der Technik einzustufen" bis zu „momentan technisch nicht machbar" reicht.

Als technisch bisher ungelöste Kernprobleme stellten sich die Funktionsblöcke Korrespondenzfindung zwischen Modelldaten und Sensorsignalen sowie die Umgebungssensorik heraus. Für die Automatisierung von Flurförderzeugen erwies sich zur Positionsbestimmung eine durch punktuellen Vergleich von Sensormessungen und Modellwissen gestützte Koppelnavigation als am effektivsten. Das Lösungskonzept für die Korrespondenzfindung basiert auf der Überlegung, zur Minimierung des Aufwands für Modelldaten und Sensorauflösung den Umgebungsvergleich nur an einfach strukturierten und unveränderlichen Umgebungspunkten durchzuführen. Zwar besteht keine Fertigungsumgebung nur aus einfachen Umgebungsstrukturen, doch weist jede Fertigungsumgebung einfach strukturierte Einzelelemente auf. An diesen in unregelmäßigen Abständen entlang der Fahrwege auftretenden geeigneten Vergleichspunkten werden auf Planungsebene vorab gezielt Sensoreinsatzbefehle mit enthaltener ausschnitthafter Umgebungsinformation vorausgeplant. Der Kollisionsschutz erfolgt ebenfalls über vorausgeplante, Bewegungsbahnform und Umgebungsgeometrie berücksichtigende Einsatzbefehle an die zugeordneten Sensoren. Auf unvorhergesehene Modellabweichungen, wie verstellte Fahrwege, wird durch lokale Ausweichstrategien und Fehlerbehandlungsstrategien reagiert. Bahnfahrbefehle, Sensoreinsatzbefehle und lokale Strategien werden durch die Ablaufsteuerung verwaltet.

Seitens der Sensorik sind als kostenoptimierte Minimalkonfiguration, unter Voraussetzung von zur Fahrtrichtung parallelen oder orthogonalen ebenen Wandabschnitten als bekannten Umgebungssituationen, für die Funktionserfüllung erforderlich: drei abstandsmessende Ultraschallsensoren zur Kurskorrektur, ein optischer Andocksensor, eine Koppelnavigation über Aufintegration von Radwinkeln und Lenkeinschlag sowie eine weitere Anordnung von Ultraschallsensoren für die Kollisionsvermeidung. Eine hierarchische Anordnung von Planung, Ablaufsteuerung und parallel ausgeführten Funktionen der Bewegungssteuerung sowie des Sensoreinsatzes führt dann zum Konzept der „Integrierten Sensoraktionsplanung". Die Systemarchitektur ist offen für die Einbeziehung weiterer Arten von Umgebungsstrukturen und diese erkennender Sensorsysteme.

Grundlage für die verwendeten Algorithmen sind Koordinatensystem-Festlegungen für Fertigungsumgebung, Roboterfahrzeug und für die einzelnen Sensoren. Ferner wurde eine universelle Struktur für Sensorfunktionen zur Istlagekorrektur entwickelt, die den Einsatz unterschiedlicher Sensorsysteme ermöglicht. Abgestimmt auf die Bewegungsmöglichkeiten einer Dreiradkinematik wurden Interpolationsalgorithmen für bahngesteuerte Geraden und Kurvenabschnitte entwickelt. Eine noch zu lösende Aufgabe bleibt die geschlossene Berechnung der Interpolationsvorbereitung, deren direkter Berechnungsansatz auf ein analytisch nicht lösbares Integral führt.

Der Funktionsnachweis für das entwickelte Führungskonzept erfolgte anhand des zu diesem Zweck aufgebauten Versuchsträgerfahrzeugs IPAMAR in einer Demonstrationsanlage. Die Erprobung der realisierten Sensorsysteme zeigte gute Genauigkeitswerte für die Koppelnavigation und für die Positionsbestimmung der Kurskorrektursensorik. Kritische Meßgröße ist die ausreichende aber verbesserungswürdige Bestimmung der Fahrzeugorientierung. Aufgrund des deutlichen Unterschiedes zwischen Absolut- und Wiederholgenauigkeit ist ein Nach-Teachen der off-line erstellten Korrekturpunkte erforderlich.

Mit dem entwickelten Sensor- und Steuerungssystem steht eine Technologie für die flexible, von stationären Navigationseinrichtungen unabhängige Bewegungssteuerung automatischer Fahrzeuge zur Verfügung. Speziell für die Anwendung zur leitlinienlosen Führung flexibler automatischer Flurförderzeuge sind damit sowohl die technische als auch die wirtschaftliche Machbarkeit für einen weiten Aufgabenbereich in der industriellen Produktion gegeben.

Schwerpunkte weiterführender Forschungsziele sind Konzepte für den autonomen Betrieb von Mehrfahrzeugsystemen sowie die Untersuchung von Strategien zur Reaktion auf Modellabweichungen, evtl. unter Einsatz wissensbasierter Methoden. Darüber hinaus könnten die entwickelten Technologien zukünftig allgemein für die Automatisierung verfahrbarer Systeme in Anwendungsbereichen außerhalb der Fertigungstechnik eingesetzt werden.

9 Literaturverzeichnis

/1/ **Warnecke, H.-J. :** *Grundlegende Gesetzmäßigkeiten der Produktion.* In: Schrifliche Fassung der Vorträge zum Fertigungstechnischen Kolloquium (FTK) '88, Stuttgart, 05.-06.10.1988. Berlin: Springer,1988, S. 23-31.

/2/ **Warnecke, H.-J.; Schraft, R.D. :** *Handbuch Handhabungs-, Montage- und Industrierobotertechnik.*Landsberg/ Lech: Verlag Moderne Industrie, ab 1984 (Loseblatt-Ausgabe).

/3/ **Hammond, G. :** *AGVS at Work.*Berlin: Springer, 1986.

/4/ **Schulze, L. :** *FTS-Praxis: Fahrerlose Transportsysteme.* Gräfelfing: Resch, 1985.

/5/ **Müller, T. :** *Automated guided vehicles.*Bedford: IFS-Publ.; Berlin: Springer, 1983.

/6/ **Giralt, G. :** *Mobile robots.* In: Robotics and artificial intelligence / Hrsg. von M.Brady u.a.. Berlin: Springer, 1984 (NATO ASI-Series F 11), S. 365-393.

/7/ **Place, H.; Jullière, M.; Marcé, L. :** *Qu'en est-il des robots mobiles?* In: Le Nouvel Automatisme (1983) Nr.1, S. 31-39.

/8/ **Levi, P. :** *Autonome mobile Roboter.* In: Technische Rundschau 79 (1987) Nr.13, S. 126-135.

/9/ **Pritschow, G.; Jantzer, M.; Schumacher, H. :** *Steuerungssystem für spurungebundene mobile Roboter in der Produktionstechnik.* In: 4.Fachgespräch Autonome Mobile Systeme, Karlsruhe, 24.11.88, Karlsruhe: Forschungszentrum Informatik (FZI), 1988, S.88-104.

/10/ **VDI-Richtlinie 3300 08.73 :** *Materialfluß-Untersuchungen.*

/11/ **Dolezalek, C. M.; Warnecke, H.-J. :** *Planung von Fabrikanlagen.* 2., neubearb. u. erw. Aufl. Berlin: Springer, 1981.

/12/ **Norm DIN 15140 08.82:** *Flurförderzeuge: Begriffe, Kurzzeichen.*

/13/ **Abels, T. :** *Frontgabelstapler im Fertigungsprozeß und seine Automatisierungsmöglichkeiten.* In: Tagung VDI-Gesellschaft Materialfluß und Fördertechnik: Flurförderzeuge, Heidelberg, 20.-21.3.1986. Düsseldorf: VDI-Verlag, 1986 (VDI-Berichte 585), S. 105-119.

/14/ **Hansen, R.; Schlobohm, C.H.** : *Führungs- und Leitsystem in FTS-Anlagen.* In: Tagung VDI-Gesellschaft Materialfluß und Fördertechnik: Flurförderzeuge, Heidelberg, 20.-21.3.1986. Düsseldorf: VDI-Verlag, 1986 (VDI-Berichte 585), S. 63-73.

/15/ **Drunk, G.** : *Flexible Verkettung mit mobilen Robotern.* In: Tagung VDI-Gesellschaft f. Fördertechnik, Materialfluß, Logistik: Handhabungstechnik im Materialfluß, Stuttgart, 8.6.1988. Düsseldorf: VDI-Verlag, 1988 (VDI-Berichte 688), S. 23-40.

/16/ **VDI-Richtlinie 2860 Blatt 1 10.82** : *Montage- und Handhabungstechnik, Handhabungsfunktionen, Handhabungseinrichtungen: Begriffe, Definitionen, Symbole.*

/17/ **Rembold, U.** : *Autonome mobile Roboter.* In: Informationsverarbeitung in autonomen mobilen Handhabungssystemen, München, 28-29.10.87. München: Sonderforschungsbereich 331 der TU München, 1987, S.8-35.

/18/ **Moore, T.** : *What is a robot.* In: EPRI Journal (1984), Nr.11, S. 8-17.

/19/ **Kadonoff, M.B.; Benayad-Cherif, F.; Maddox, J.F.; Muller, L.; Moravec, H.P.** : *Arbitration of multiple control strategies for mobile robots.* In: The International Society for Optical Engineering (SPIE): Mobile Robots, Cambridge/USA, 30.-31.10.86. Bellingham, Washington, USA: SPIE, 1987 (Vol. 727), S. 90-98.

/20/ **Freyberger, F.; Kampmann, P.; Schmidt, G.** : *Ein wissensgestütztes Navigationsverfahren für autonome, mobile Roboter.* In: Robotersysteme 2 (1986), S. 149-161.

/21/ **Brock, W.** : *Leitlinienlose Führung (LLF) von Flurförderzeugen.* Dortmund: Fraunhofer-Institut f. Transporttechnik und Warendistribution, 1987.

/22/ **Schutzrecht EP 0193985-A1 (1986-09-10). Pr.**: NL 8500529 1985-02-25.

/23/ **Zahn, E.M.** : *Ohne Leitdraht; Bildverarbeitungssystem macht FTS flexibel.* In: Industrieanzeiger 109 (1987) Nr. 71, S. 21-22.

/24/ **Schutzrecht GB 2158965-A (1985-11-20).**

/25/ **Tsumura, T.** : *Recent development of automated guided vehicles in Japan.* In: Robotersysteme 2 (1986) Nr. 2, S. 91-97.

/26/ **Fujiwara, K.; Kawashima, Y.; Kato, H.; Watanabe, M.** : *Development of guideless robot vehicle.* In: Proceedings of the 11. International Symposium on Industrial Robots (ISIR), Tokyo, 7.-9.10.1981, S. 203-211.

/27/ **N.N.** : *Model 4020 computer integrated manufacturing system.* Los Gatos, California, USA: Flexible Manufacturing Systems Inc., 1986.

/28/ **N.N. :** *Robots autonomes et nettoyage industriel.* Ramonville-Saint-Agne (bei Toulouse), Frankreich: Midi Robots, 1986.

/29/ **Severin, D.; Klein, W. :** *Ein System zur leitlinienlosen Führung von autonomen Industriefahrzeugen.* In: Automatisierungstechnische Praxis atp 30 (1988) Nr.3, S. 122-128.

/30/ **Murata, M.; Yamashita, T.; Udagawa, S.; Tabata, H. :** *Ultrasonic guided autonomous vehicle.* In: Proceedings of the 5. International Conference on Automated Guided Vehicle Systems (AGVS), Tokyo, 6.-8.10.1988, S. 5.3.1 - 5.3.12.

/31/ **Lässig, H. :** *Das ATS - Ergänzung zum FTS?* In: Fördern und Heben 38 (1988) Nr.3, S. 177-178.

/32/ **Nilsson, N.J. :** *A mobile automaton: An application of artificial intelligence techniques.* In: The Association for Computing Machinery: Proceedings of the International Joint Conference on Artificial Intelligence, New York, Mai 1969, S. 509-520.

/33/ **Schuler, J. :** *Integration von Förder- und Handhabungseinrichtungen.* Berlin u.a.: Springer, 1987 (IPA-IAO Forschung und Praxis Nr. 104), zugl. Stuttgart, Universität, Dissertation, 1986.

/34/ **Dickmanns, E.D.; Gräfe, V. :** *Erforschung sehender Maschinen an der Universität der Bundeswehr München.* In: Sensor Report 3 (1988) Nr.2, S. 34-35.

/35/ **Crowley, J.L. :** *Navigation for an intelligent mobile robot.* In: IEEE-Journal of Robotics and Automation 1 (1985) Nr.1, S. 79-84.

/36/ **Moravec, H.P.; Elfes, A. :** *High resolution maps from wide-angle sonar.* In: Proceedings of the 2. IEEE International Conference on Robotics und Automation, Atlanta/USA, März 1985, S. 116-121.

/37/ **Kriegmann, D.J.; Triendl, E.; Binford, T.O. :** *A mobile robot: Sensing, planning and locomotion.* In: Proceedings of the 4. IEEE International Conference on Robotics und Automation, Raleigh/USA, 31.3.-3.4.1987, Bd.1, S. 402-408.

/38/ **Tachie, S.; Komoriya, K. :** *Guide dog robot.* In: Proceedings of the 2.International Symposium on Robotics Research (ISRR), Kyoto, 20.-23.8.1984, S. 325-332.

/39/ **Nakano, E.; Koyachi, N.; Agari, Y.; Hirooka, S. :** *Sensor system of a guideless autonomous vehicle in a flexible manufacturing system.* In: Proceedings of the 15. International Symposium on Industrial Robots (ISIR), Tokyo, 11.-13.9.1985, Bd.1, S. 305-312.

/40/ **Kanayama, Y.; Yuta, S. :** *Computer architecture for intelligent robots.* In: Journal of Robotic Systems 2 (1985) Nr.3, S. 237-251.

/41/ **Rembold, U.; Soetadji, T. :** *The development of an autonomous assembly robot.* In: Robotics & Computer-Integrated Manufacturing 3 (1987) Nr.1, S. 23-37.

/42/ **Hinkel, R.; Knieriemen, T. :** *Mobot-III Projektbeschreibung.* Kaiserslautern: Universität, Fachbereich Informatik, 1988.

/43/ **Moravec. H.P. :** *The Stanford cart and the CMU rover.* In: Proceedings of the IEEE 71 (1983) Nr.7, S. 872-884.

/44/ **Goto, Y.; Stentz, A. :** *The CMU system for mobile robot navigation.* In: Proceedings of the 4. IEEE International Conference on Robotics and Automation, Raleigh/USA, 31.3.-3.4.1987, Bd.1, S. 99-105.

/45/ **Drunk, G. :** *Sensors for mobile robots.* In: Sensors and sensory systems for advanced robots, Maratea/Italien, 28.4.-3.5.1986. Heidelberg: Springer, 1988 (NATO ASI-Series F 43), S. 463-492.

/46/ **Tsumura, T.; Fujiwara, N.; Hashimoto, M. :** *An experimental system for self-contained position and heading measurement of ground vehicle.* In: Proceedings of the International Conference on Advanced Robotics (ICAR), Tokyo, 12.-13.9.1983, S. 269-276.

/47/ **Borenstein, J.; Koren, Y. :** *A mobile platform for nursing robots.* In: Journal of Robotic Systems 4 (1987) Nr.2, S. 158-165.

/48/ **Jullière, M.; Leflecher, J.; Marcé, L.; Perrichot, H.; Place, H. :** *Detection simple d'obstacles: bras tactile pour robot mobile.* In: Le Nouvel Automatisme (1981) Nr.4 , S. 62-66.

/49/ **Karl, G.; Lange, M.; Detlefsen, J. :** *Erfassung der Umweltgeometrie mit Laserkamera und mm-Wellen-Radar für ein Multisensorsystem.* In: Symposium Informationsverarbeitung in autonomen, mobilen Handhabungssystemen, München, 28.-29.10.1987.München: Sonderforschungsbereich 331 der TU München, 1987, S. 86-100.

/50/ **Nakamura, T. :** *Edge distribution understanding for locating a mobile robot.* In: Proceedings of the 11. International Symposium on Industrial Robots (ISIR), Tokyo, 7.-9.10.1981, S. 195-202.

/51/ **Duda, R.O.; Hart, P.E. :** *Experiments in scene analysis.* In: Proceedings of the 1. National Symposium on Industrial Robots (ISIR), Illinois, 2.-3.4.1970. Chicago: IIT Research Inst., 1970, S. 119-130.

/52/ **Fujii, S.; Yoshimoto, K.** : *Computer control of a locomotive robot with visual feedback.* In: Proceedings of the 11. International Symposium on Industrial Robots (ISIR), Tokyo, 7.-9. 10.1981, S. 219-226.

/53/ **Lewis, R.A.; Johnston, A.R.** : *A scanning laser rangefinder for a robotic vehicle.* In: Proceedings of the International Joint Conference on Artificial Intelligence (IJCAI), Cambridge/USA, Jan. 1977.

/54/ **Briot, M.; Talou, J.C.; Bauzil, G.** : *The multi-sensors which help a mobile robot find its place.* In: Sensor Review 1 (1981) Nr.1, S. 15-19.

/55/ **Ahrens, U.** : *Möglichkeiten und Probleme der Anwendung von Luft-Ultraschallsensoren in der Montage- und Handhabungstechnik.* In: Robotersysteme 1 (1985) Nr.1, S. 19-21.

/56/ **Ahrens. U.** : *Möglichkeiten und Grenzen des Einsatzes von Luft-Ultraschallsensoren in der Montage- und Handhabungstechnik.* In: Robotersysteme 1 (1985) Nr.4, S. 203-210.

/57/ **Kanayama, Y.; Yuta, S.; Kubotera,Y.** : *A sonic range finding module for mobile robots.* In: Proceedings of the 14. International Symposium on Industrial Robots (ISIR), Göteborg/Schweden, 2.-4.10.1984, S. 643-651.

/58/ **Warnecke, H.-J.; Langen, A.** : *New ultrasonic sensors for robotic application based on beam forming techniques.* In: Proceedings of the 7. Intern. Conf. on Robot Vision and Sensory Controls (RoViSeC), Zürich, 2.-4.2.1988, S. 149-160.

/59/ **Kories, R.; Zimmermann, G.** : *Die Eignung spezifischer Bildstrukturen für die Bewegungsbestimmung in Bildfolgen.* In: FhG-Berichte (1983) Nr.2, S. 4-6.

/60/ **Harmon, S.Y.** : *Autonmous vehicles.* In: The Encyclopedia of Artificial Intelligence/Hrsg. von S.C. Shapiro u.a.. New York: Wiley & Sons, 1987, Bd.1, S.29-45.

/61/ **Latombe, J.C.** : *Automatic synthesis of robot programs from CAD specifications.* In: Robotics and Artificial Intelligence/Hrsg. von M. Brady u.a. Berlin: Springer, 1984 (NATO ASI-Series F 11), S. 199-217.

/62/ **Fikes, R.E. ; Nilsson, N.J.**: *STRIPS: a new approach to the application of theorem proving.* In: Artificial Intelligence 2 (1971) Nr.3/4, S. 189-208.

/63/ **Vere, S.** : *Planning.* In: The Encyclopedia of Artificial Intelligence/Hrsg. von S.C. Shapiro u.a.. New York: Wiley & Sons, 1987, Bd.2, S. 748-758.

/64/ **Levi, P. :** *Wissensbasierte Planungskonzepte und Organisationsschemata für autonome Roboter.* In: Symposium Informationsverarbeitung in autonomen, mobilen Handhabungssystemen, München, 28-29.10. 1987. München: Sonderforschungsbereich 331 der TU München, 1987, S. 63-84.

/65/ **Winston, P.H. :** *Exploring Alternatives.* In: Artificial Intelligence, Kap. 4, 2.Aufl., Reading/USA: Addison-Wesley, 1984.

/66/ **Crowley, J.L. :** *Path planning and obstacle avoidance.* In: The Encyclopedia of Artifical Intelligence/Hrsg. von S.C. Shapiro u.a.. New York: Wiley & Sons, 1987, Bd.2, S. 708-715.

/67/ **Ghallab, M. :** *Task execution monitoring by compiled production rules in an advanced multi-sensor robot.* In: Proceedings of the 2. International Symposium on Robotics Research (ISRR), Kyoto, 20.-23.8.1985. Cambridge: MIT-Press, 1985, S. 397-401.

/68/ **Turau, V. :** *A model for a control and monitoring system for an autonomous mobile robot.* In: Robotics 4 (1988) Nr.1, S. 41-47.

/69/ **Komoriya, K.; Tachi, S.; Tanie, K. :** *A method for autonomous locomotion of mobile robots.* In: Journal of the Robotics Society of Japan (1984) Nr.2, S. 223-232.

/70/ **Khoumsi, A.; Migaud, P. :** *Amélioration des capacités comportementales d'Hilare: pilotage et controle d'execution de mouvements.* Toulouse: Centre National de la Recherche Scientifique, 1986 (Rapport LAAS 86062).

/71/ **Kanayama, Y. ; Miyake, N.:** *Trajectory generation for mobile robots.* In: Proceedings of the 3. International Symposium on Robotics Research (ISRR), Gouvieux/ Frankreich, 7.-11.10.1985. London: MIT-Press, 1986, S. 333-340.

/72/ **Muir, P.F.; Neumann, C.P. :** *Kinematic modeling of wheeled mobile robots.* In: Journal of Robotic Systems 4 (1987) Nr.2, S. 281-340.

/73/ **Jantzer, M :** *Bahnregelung flächenbeweglicher Flurförderzeuge.* In: Robotersysteme 3 (1987), S. 119-127.

/74/ **Crowley, J.L. :** *Using the composite surface model for perceptual tasks.* In: Proceedings of the 4.IEEE International Conference on Robotics and Automation, Raleigh/USA, 31.3.-3.4.1987, Bd.2, S.929-934.

/75/ **Fujie, M.; Hosoda, Y.; Iwamoto, T.; Kamejima, K.; Nakano, Y. :** *Mobile robot system with transformable crawler, intelligent guidance and flexible manipulator.* In: Proceedings of the 3. International Symposium on Robotics Research (ISRR), Gouvieux/Frankreich, 7.-11.10.1985. London: MIT-Press, 1986, S. 341-347.

/76/ **Giralt, G.; Chatila, R.** : *Task programming and motion control for autonomous mobile robots in manufacturing.* Vortrag bei der 4.IEEE International Conference on Robotics and Automation, Raleigh/USA, 31.3.-3.4.1987, Autorenmanuskript.

/77/ **Albus, J.S.; McLean, C.R.; Barbera, A.J.; Fitzgerald, M.L.** : *Hierarchical control for robots in automated factory.* In: Proceedings of the 13. International Symposium on Industrial Robots (ISIR), Chicago, 17.-21.4.1983, Bd.2, S. 13.29-13.43.

/78/ **Dillmann, R.; Rembold, U.** : *Automomous robot of the university of Karlsruhe.* In: Proceedings of the 15. International Symposium on Industrial Robots (ISIR), Tokyo, 11.-13.9.1985, Bd.1, S. 91-102.

/79/ **Chavez, R.; Meystel, A.** : *Structure of intelligence for an autonomous vehicle.* In: Proceedings of the 1. IEEE International Conference on Robotics und Automation, Atlanta, 13.-15.3.1984, S. 584-591.

/80/ **Meystel, A.** : *Nested hierarchical controller for intelligent mobile autonomous systems.* In: Proceedings: Conference Intelligent Autonomous Systems, Amsterdam, 8.-11.12.1986, S. 416-458.

/81/ **Thorpe, C.; Kanade, T.** : *Vision and navigation for the CMU navlab.* In: The International Society for Optical Engineering (SPIE): Mobile Robots, Cambridge/USA, 30.-31.10.1986, Bellingham, Washington, USA: SPIE, 1987, (Vol. 727), S. 261-266.

/82/ **Harmon, S.Y.** : *Coordination of intelligent subsystems in complex robots.* In: Proceedings of the 1. Conference on Artificial Intelligence Applications, Denver/USA, 5.-7.12.1984, S. 64-69.

/83/ **Kanayama, Y.; Iijima, J.; Ochiai, H.; Watarei, H.; Ohkowa, K.** : *A self-contained robot yamabiko.* In: Proceedings of the 3. USA-Japan Computer Conference, 1978, S. 246-250.

/84/ **Cudhea, P.W. ; Brooks, R.A.**: *Coordinating multiple goals for a mobile robot.* In: Proceedings: Conference Intelligent Autonomous Systems, Amsterdam, 8.-11.12.1986, S. 168-174.

/85/ **Boegli, P.**: *A comparative evaluation of AGV navigation techniques.* In: Proceedings of the 3. International Conference on Automated Guided Vehicle Systems (AGVS 3), Stockholm, 15-17.10.1985, Bedford: IFS (Conferences) Ltd, S. 169-180.

/86/ **Ahrens, U.** : *Sensoren für Industrierober.* In: wt-Z. ind. Fertig. 73 (1983), Nr.11, S.673-676.

/87/ **Drunk, G.; Hild, N.; Hug, C.; Höpf, M.; Langen, A. :** *Application of optical range-sensors for guidance of industrial robots in the automobile industry.* In: Proceedings of the 21. International Symposium on Automotive Technology & Automation (ISATA), Wiesbaden, 6.-10.11.1989, S. 1765-1778.

/88/ **Daum, M; Eggenstein, F. :** *Fahrerlose Transportsysteme aus dem Modulkasten.* In: f+h fördern und heben 36 (1986) Nr. 9, S. 627-663.

/89/ **VDI-Richtlinie 2861 Blatt 1 09.80 :** *Kenngrößen für Handhabungsgeräte: Achsbezeichnungen.*

/90/ **Björck, A.; Dahlquist, G. :** *Numerische Methoden.* 2.Aufl. München; Wien: Oldenbourg, 1979.

/91/ **Neunteufel, K :** *Konstruktion und Aufbau eines Roboterfahrzeugs als Versuchsträger für die automatische leitdrahtlose Fertigungsverkettung.* Diplomarbeit am Institut für Industrielle Fertigung und Fabrikbetrieb (IFF) der Universität Stuttgart, 1988.

/92/ **Kulick, B. :** *Mobile Datenerfassung- und Datenkommunikationssysteme in Verbindung mit Flurförderzeugen.* In: Tagung VDI-Gesellschaft Materialfluß und Fördertechnik: Flurförderzeuge, Heidelberg, 20.-21.03.1986. Düsseldorf: VDI-Verlag, 1986 (VDI-Berichte 585), S. 81-104.

/93/ **Meiler, G.:** *Entwurf einer digitalen Regelung für einen autonomen mobilen Roboter.* Studienarbeit am Institut für Systemdynamik und Regelungstechnik der Universität Stuttgart, 1987.

/94/ **Luz, J :** *Implementierung einer Ablaufsteuerung für einen mobilen autonomen Roboter.* Diplomarbeit am Institut für Informatik der Universität Stuttgart, 1987.

/95/ **Müllerschön, J. :** *Programmiersystem für einen mobilen Roboter.* Diplomarbeit am Institut für Informatik der Universität Stuttgart, 1987.

/96/ **Dangelmaier, W. :** *Integrierter Material- und Informationsfluß im CIM-Konzept.* In: f+h fördern und heben 38 (1988) Nr.10, S. 769-774.

/97/ **N.N. :** *Wie gut ist das FTS ? Ergebnisse einer Betreiber-Umfrage.* In: Sonderveröffentlichung der Zeitschrift Materialfluß: MF-Markt '87/88, 1988, S. 872-879.

/98/ **Pritschow, G.; Jantzer, M. :** *Free-ranging vehicle with minimal space expense as high flexible transport systems.* In: Annuals of the CIRP 38 (1989) Nr. 1, S. 469-473.

IPA Forschung und Praxis

Schriftenreihe aus dem Institut für Produktionstechnik und Automatisierung, Stuttgart

Herausgeber Prof Dr -Ing H J Warnecke

Datenerfassung im Produktionsbereich
Von E Bendeich ISBN 3-7830-0117-8
1977, 176 Seiten, kartoniert — 54,— DM

Methodenauswahl für die Materialbewirtschaftung in Maschinenbau-Betrieben
Von H Graf ISBN 3-7830-0136-6
1977, 144 Seiten, kartoniert — 54,— DM

Systematische Auswahl von Förderhilfsmitteln für den innerbetrieblichen Materialfluß
Von W Rau ISBN 3-7830-0139-0
1977, 103 Seiten, kartoniert — 40,— DM

Grundlagen zur Planung von Ersatzteilfertigungen
Von E Schulz ISBN 3-7830-0138-2
1977, 98 Seiten, kartoniert — 40,— DM

Rechnerunterstützte Fabrikplanung
Von B Minten ISBN 3-7830-0116-1
1977, 124 Seiten, kartoniert — 38,— DM

Eine Planungsmethode für automatische Montagesysteme
Von H -G Lohr ISBN 3-7830-0120-X
1977, 108 Seiten, kartoniert — 32,— DM

Planung und Bewertung von Arbeitssystemen in der Montage
Von H Metzger ISBN 3-7830-0131-5
1977, 108 Seiten, kartoniert — 40,— DM

Klassifizierungssystem für Prüfmittel der industriellen Längenprüftechnik
Von R Czetto ISBN 3-7830-0144-7
1978, 181 Seiten, kartoniert — 64,— DM

Rechnerunterstützte Montageplanung
Von O Hirschbach ISBN 3-7830-0149-8
1978, 146 Seiten, kartoniert — 52,— DM

Rechnerunterstützte Entwicklung von Simulationsmodellen für Unternehmensplanspiele
Von A Moker ISBN 3-7830-0147-1
1978, 181 Seiten, kartoniert — 64,— DM

Arbeitsplatzanalysen zur Ermittlung der Einsatzmöglichkeiten und Anforderungen an Industrieroboter
Von G Herrmann ISBN 37830-0151-X
1978, 113 Seiten, kartoniert — 40,— DM

MFSP — Ein Verfahren zur Simulation komplexer Materialflußsysteme
Von G Stemmer ISBN 3-7830-0118-8
1977, 140 Seiten, kartoniert — 60,— DM

Berührungslose Erkennung durch Positionsbestimmung von Objekten durch inkohärent-optische Korrelation
Von M Konig ISBN 3-7830-0137-4
1977, 110 Seiten, kartoniert — 40,— DM

Auslegung von Störungspuffern in kapitalintensiven Fertigungslinien
Von R v Stetten ISBN 3-7830-0140-4
1977, 154 Seiten, kartoniert — 56,— DM

Flexible Transportablaufsteuerung
Von G Romer ISBN 3-7830-0114-5
1977, 188 Seiten, kartoniert — 60,— DM

Rechnergestützte Realplanung von Fabrikanlagen
Von T-K Sauter ISBN 3-7830-0119-6
1977, 108 Seiten, kartoniert — 32,— DM

Systematisches Auswählen und Konzipieren von programmierbaren Handhabungsgeräten
Von R D Schraft ISBN 3-7830-0115-3
1977, 108 Seiten, kartoniert — 32,— DM

Auslandsproduktion
Von W Cypris ISBN 3-7830-0145-5
1978, 126 Seiten, kartoniert — 42,— DM

Wirtschaftlicher Einsatz von Mehrkoordinatenmeßgeräten
Von M Dietzsch ISBN 3-7830-0148-X
1978, 142 Seiten, kartoniert — 52,— DM

Fertigungssteuerung bei flexiblen Arbeitsstrukturen
Von K -G Lederer ISBN 3-7830-0146-3
1978, 128 Seiten, kartoniert — 42,— DM

Untersuchungen zum Polieren und Entgraten durch elektrochemisches Oberflächenabtragen
Von K Zerweck ISBN 3-7830-0150-1
1978, 110 Seiten, kartoniert — 40,— DM

Stufenweise Ableitung eines praktischen Planungssystems für den Entwicklungsbereich
Von R. Hichert ISBN 3-7830-0149-8
1978, 151 Seiten, kartoniert 52,— DM

Produktionsplanung mit Auftragsfamilien
Von U. W. Geitner ISBN 3-7830-0161 7
1979, 110 Seiten, kartoniert 45,— DM

Thermisch-chemisches Entgraten
Von T. Wagner ISBN 3-7830-0164-1
1979, 111 Seiten, kartoniert 45,— DM

Untersuchung der Materialflußkosten bei ausgewählten Systemen der Zentralen Arbeitsverteilung
Von R. Wenzel ISBN 3-7830-0162-5
1979, 168 Seiten, kartoniert 86,— DM

Anpassung und Einführung eines Planungssystems für die Ablaufplanung im Konstruktionsbereich
Von W. Dangelmaier ISBN 3-7830-0163-3
1979, 168 Seiten, kartoniert 80,— DM

Längenmessungen an bewegten Teilen mit berührungslos wirkenden Aufnehmern
Von H. Lang ISBN 3-7830-0157-9
1979, 89 Seiten, kartoniert 42,— DM

Untersuchung multistabiler Strömungselemente und ihr Einsatz in sequentiellen Steuerungen
Von A. Ernst ISBN 3-7830-0157-9
1979, 122 Seiten, kartoniert 48,— DM

Taktile Sensoren für programmierbare Handhabungsgeräte
Von M. Schweizer ISBN 3-7830-0158-7
1979, 91 Seiten, kartoniert 42,— DM

Die rechnerunterstützte Prüfplanung
Von P. Blasing ISBN 3-7830-0152-8
1979, 100 Seiten, kartoniert 44,— DM

Verfahren zur Fabrikplanung im Mensch-Rechner-Dialog am Bildschirm
Von W. Ernst ISBN 3-7830-0156-0
1979, 218 Seiten, kartoniert 72,— DM

Rechnerunterstütztes Verfahren zur Leistungsabstimmung von Mehrmodell-Montagesystemen
Von M. Gorke ISBN 3-7830-0155-2
1979, 139 Seiten, kartoniert 50,— DM

Standortbezogene Betriebsmittel
Von G. Pflieger ISBN 3-7830-0167-6
1979, 127 Seiten, kartoniert 52,— DM

Die betriebswirtschaftliche Beurteilung neuer Arbeitsformen
Von B.-H. Zippe ISBN 3-7830-0168-4
1979, 350 Seiten, kartoniert 98,— DM

Untersuchung des Arbeitsverhaltens programmierbarer Handhabungsgeräte
Von B. Brodbeck ISBN 3-7830-0169-2
1979, 117 Seiten, kartoniert 48,— DM

Untersuchung eines kohärent-optischen Verfahrens zur Rauheitsmessung
Von N. Rau ISBN 3-7830-0174-9
1979, 117 Seiten, kartoniert 48,— DM

Entwicklung einer programmierbaren, pneumatischen Steuerung
Von D. Klemenz ISBN 3-7830-0171-4
1979, 93 Seiten, kartoniert 42,— DM

IPA Forschung und Praxis

Berichte aus dem Fraunhofer-Institut für Produktionstechnik und Automatisierung, Stuttgart, und dem Institut für Industrielle Fertigung und Fabrikbetrieb der Universität Stuttgart

Herausgeber Prof Dr -Ing H J Warnecke

---

38 **Arbeitsgangterminierung mit variabel strukturierten Arbeitsplänen — Ein Beitrag zur Fertigungssteuerung flexibler Fertigungssysteme**
Von U Maier ISBN 3-540-10213-2
1980, 111 Seiten mit 45 Abbildungen 43,-- DM

39 **Kapazitätsabgleich bei flexiblen Fertigungssystemen**
Von P S Nieß ISBN 3-540-10372-4
1980, 151 Seiten mit 57 Abbildungen 48 – DM

40 **Schichtdickenverteilung auf galvanisierten Paßteilen am Beispiel kleiner abgesetzter Wellen und Bohrungen**
Von D Wolfhard ISBN 3-540-10373-2
1980, 177 Seiten mit 83 Abbildungen 48,-- DM

41 **Planung von Mehrstellenarbeit unter Berucksichtigung von Umfeldaufgaben**
Von S Haußermann ISBN 3-540-10374-0
1980, 136 Seiten mit 59 Abbildungen 48 -- DM

42 **Untersuchungen zur Schmierfilmdicke in Druckluftzylindern — Beurteilung der Abstreifwirkung und des Reibungsverhaltens von Pneumatikdichtungen mit Hilfe eines neu entwickelten Schmierfilmdicken-meßverfahrens**
Von R Kohnlechner ISBN 3-540-10375-9
1980, 100 Seiten mit 38 Abbildungen und 4 Tabellen 43 — DM

43 **Typologie zum überbetrieblichen Vergleich von Fertigungssteuerungsverfahren im Maschinenbau**
Von G Rabus ISBN 3-540-10376-7
1980 174 Seiten mit 88 Abbildungen und 21 Tafeln 48,— DM

44 **System zur Planung des Umlaufbestandes in Betrieben mit Serienfertigung**
Von K -G Wilhelm ISBN 3-540-10377-5
1980, 142 Seiten mit 67 Abbildungen und 15 Tafeln 48 — DM

45 **Rechnerunterstützte Arbeitsplanerstellung mit Kleinrechnern, dargestellt am Beispiel der Blechbearbeitung**
Von W Hoheisel ISBN 3-540-10505-0
1981, 169 Seiten mit 74 Abbildungen 48,— DM

46 **Beitrag zur Verbesserung der Wirtschaftlichkeit EDV-unterstützter Fertigungssteuerungssysteme durch Schwachstellenanalyse**
Von J Lienert ISBN 3-540-10506-9
1981, 148 Seiten mit 37 Abbildungen 48 — DM

47 **Die Abscheidung von Ol an Entlüftungsöffnungen drucklufttechnischer Anlagen**
Von W-D Kiessling ISBN 3-540-10604-9
1981, 117 Seiten mit 48 Abbildungen und 3 Tabellen 43,— DM

48 **Dynamische Optimierung technisch-ökonomischer Systeme**
Von J Warschat ISBN 3-540-10717-7
1981, 132 Seiten mit 60 Abbildungen 43,— DM

49 **Bildsensor zur Mustererkennung und Positionsmessung bei programmierbaren Handhabungsgeräten**
Von H Geißelmann ISBN 3-540-10735-5
1981, 125 Seiten mit 52 Abbildungen 43,— DM

50 **Verfügbarkeitsberechnung für komplexe Fertigungseinrichtungen**
Von Ekkehard Gericke ISBN 3-540-10779-7
1981, 132 Seiten mit 71 Abbildungen 43,— DM

51 **Materialflußgestaltung in Fertigungssystemen**
Von Willi Roßner ISBN 3-540-10888-2
1981, 149 Seiten mit 76 Abbildungen 48,— DM

52 **Beitrag zur Analyse der Auswirkungen der Mikroelektronik, dargestellt am Beispiel der Büromaschinen-Industrie**
Von Werner Neubauer ISBN 3-540-10991-9
1981, 145 Seiten mit 27 Abbildungen und 47 Tabellen 43,— DM

53 **Modelle von Informationssystemen zur kurzfristigen Fertigungssteuerung und ihre Gestaltung nach betriebsspezifischen Gesichtspunkten**
Von Roland Gentner ISBN 3-540-10992-7
1981, 181 Seiten mit 69 Abbildungen und 7 Tabellen 48,— DM

54 **Entwicklung von Verfahren zur Terminplanung und -steuerung bei flexiblen Montagesystemen**
Von Jurgen H Kolle ISBN 3-540-11227-8
1981, 132 Seiten mit 64 Abbildungen und 1 Faltplan 43,— DM

55 **Arbeits- und Kapazitätsteilung in der Montage**
Von Stefan Dittmayer ISBN 3-540-11228-6
1981, 124 Seiten und 56 Abbildungen 43,— DM

56 **Beitrag zur systematischen Planung der Qualitätsprüfung bei Klein- und Mittelserienfertigung**
Von Herbert Babic ISBN 3-540-11325-8
1982, 108 Seiten mit 38 Abbildungen und 7 Tabellen 53 – DM

57 **Methode zur rechnerunterstützten Einsatzplanung von programmierbaren Handhabungsgeräten**
Von Uwe Schmidt-Streier ISBN 3-540-11355-X
1982, 188 Seiten mit 72 Abbildungen 53 – DM

58 **Werkstoff- und Energiekennwerte industrieller Lackieranlagen, am Beispiel der Automobilindustrie**
Von Rainer Manfred Thiel ISBN 3-540-11356-8
1982, 116 Seiten mit 59 Abbildungen 53 – DM

59 **Maßnahmen zum Verbessern der pneumatischen Lackzerstaubung – Teilchengrößenbestimmung im Spritzstrahl –**
Von Klaus Werner Thomer ISBN 3-540-11507-2
1982, 162 Seiten mit 94 Abbildungen und 1 Tabelle 53 – DM

60 **Ermittlung und Bewertung von Rationalisierungsmaßnahmen im Produktionsbereich**
Von Jurgen Schilde ISBN 3-540-11730-X
1982, 158 Seiten mit 57 Abbildungen 53 – DM

61 **Untersuchung von Verfahren der Reihenfolgeplanung und ihre Anwendung bei Fertigungszellen**
Von Mohamed Osman ISBN 3-540-11747-4
1982, 124 Seiten mit 32 Abbildungen und 3 Tabellen 53 – DM

62 **Ein Simulationsmodell zur Planung gruppentechnologischer Fertigungszellen**
Von Volker Saak ISBN 3-540-11747-4
1982, 134 Seiten mit 53 Abbildungen 53 – DM

63 **Verfahren zur technischen Investitionsplanung automatisierter Fertigungsanlagen**
Von Gunter Vettin ISBN 3-540-11747-4
1982, 134 Seiten mit 63 Abbildungen 53 – DM

64 **Pneumatische Sensoren zur prozeßsimultanen Messung des Werkzeugverschleißes und zur Kollisionsvermeidung beim Messerkopffräsen**
Von Wolfgang Jentner ISBN 3-540-11747-4
1982, 126 Seiten mit 47 Abbildungen und 6 Tabellen 53 – DM

65 **Rechnerunterstützte Gestaltung ortsgebundener Montagearbeitsplätze, dargestellt am Beispiel kleinvolumiger Produkte**
Von Eberhard Haller ISBN 3-540-12015-7
1982, 130 Seiten mit 43 Abbildungen 53 – DM

66 **Fernsehüberwachung von Schutzgasschweißvorgängen mit abschmelzender Elektrode MIG – MAG**
Von Ruprecht Niepold ISBN 3-540-12181-7
1983, 178 Seiten mit 73 Abbildungen und 5 Tabellen 58 – DM

67 **Entwicklung flexibler Ordnungssysteme für die Automatisierung der Werkstückhandhabung in der Klein- und Mittelserienfertigung**
Von Karl Weiss ISBN 3-540-12455-1
1983, 116 Seiten mit 68 Abbildungen 58 – DM

68 **Automatisierte Überwachungsverfahren für Fertigungseinrichtungen mit speicherprogrammierten Steuerungen**
Von Werner Eißler ISBN 3-540-12456-X
1983, 128 Seiten mit 66 Abbildungen 58 – DM

69 **Prozeßüberwachung beim Galvanoformen**
Von Jurgen Wilhelm Böcker ISBN 3-540-12457-8
1983, 118 Seiten mit 32 Abbildungen 58 – DM

70 **LAPEX – Ein rechnerunterstütztes Verfahren zur Betriebsmittelzuordnung**
Von Stephan Mayer ISBN 3-540-12490-X
1983, 162 Seiten mit 34 Abbildungen und 2 Tabellen 58 – DM

71 **Gestaltung eines integrierten Produktionssystems für die Sortenfertigung unter Einsatz der Clusteranalyse**
Von Gerald Weber ISBN 3-540-12650-3.
1983, 194 Seiten mit 54 Abbildungen 58 – DM

72 **Gußputzen mit sensorgeführten, programmierbaren Handhabungsgeräten**
Von Eberhard Abele ISBN 3-540-12651-1
1983, 133 Seiten mit 66 Abbildungen 58,– DM

73 **Untersuchungen zur Herstellung und zum Einsatz galvanogeformter Erodierelektroden**
Von Harald Muller ISBN 3-540-12822-0
1983, 148 Seiten mit 78 Abbildungen 58,– DM

74 **Ein Beitrag zur Optimierung der Prozeßführungsstrategien automatisierter Förder- und Materialflußsysteme**
Von Hans Steffens ISBN 3-540-12968-5
1983 161 Seiten mit 60 Abbildungen 58,– DM

75 **Entwicklung eines Verfahrens zur wertmäßigen Bestimmung der Produktivität und Wirtschaftlichkeit von Personalentwicklungsmaßnahmen in Arbeitsstrukturen**
Von Christian Muller ISBN 3-540-13041-1
1983 129 Seiten mit 34 Abbildungen. 58,– DM

76 **Berechnung der Gestaltänderung von Profilen infolge Strahlverschleiß**
Von Wolfgang Marx ISBN 3-540-13054-3
1983 121 Seiten mit 58 Abbildungen. 58,– DM

77 **Algorithmen zur flexiblen Gestaltung der kurzfristigen Fertigungssteuerung**
Von Rudolf E Scheiber ISBN 3-540-13500-6
1984, 150 Seiten mit 73 Abbildungen und 1 Tabelle 63 – DM

78 **Galvanisieren mit moduliertem Strom**
Von Jurgen Wolfgang Mann ISBN 3-540-13733-5
1984, 145 Seiten und 58 Abbildungen 63,– DM

79 **Fluoreszenzmeßverfahren zur Schmierfilmdickenmessung in Wälzlagern**
Von Wolfgang Schmutz ISBN 3-540-13777-7
1984, 141 Seiten und 66 Abbildungen 63,– DM

IPA-IAO Forschung und Praxis

Berichte aus dem Fraunhofer-Institut für Produktionstechnik und Automatisierung (IPA), Stuttgart, Fraunhofer-Institut für Arbeitswirtschaft und Organisation (IAO), Stuttgart, und Institut für Industrielle Fertigung und Fabrikbetrieb der Universität Stuttgart

Herausgeber: Prof. Dr.-Ing. H. J. Warnecke und Prof. Dr.-Ing. H.-J. Bullinger

---

80 **Flexibilität und Kapazität von Werkstückspeichersystemen**
Von Bernhard Graf ISBN 3-540-13970-2
1984, 115 Seiten mit 71 Abbildungen — 63,– DM

T1 **Flexible Fertigungssysteme**
17 IPA-Arbeitstagung zusammen mit der 3 Internationalen Konferenz „Flexible Manufacturing Systems (FMS-3)", ISBN 3-540-13807-2
1984, 249 Seiten mit zahlreichen Abbildungen — 118,– DM

T2 **Integrierte Bürosysteme**
3 IAO-Arbeitstagung ISBN 3-540-13978-8
1984, 633 Seiten mit zahlreichen Abbildungen — 168,– DM

81 **Rechnerunterstützte Planung von Montageablaufstrukturen fur Erzeugnisse der Serienfertigung**
Von Ernst-Dieter Ammer ISBN 3-540-15056-0
1985, 120 Seiten mit 1 Faltblatt und 33 Abbildungen — 63 – DM

82 **Flexibilität von personalintensiven Montagesystemen bei Serienfertigung**
Von Heinrich Vahning ISBN 3-540-15093-5
1985, 152 Seiten mit 49 Abbildungen — 63 – DM

83 **Ordnen von Werkstucken mit programmierbaren Handhabungsgeräten und Werkstuckerkennungssensoren**
Von Ingo Schmidt ISBN 3-540-15375-6
1985, 111 Seiten mit 66 Abbildungen — 63 – DM

84 **Systematische Investitionsplanung**
Von Jorge Moser ISBN 3-540-15370-5
1985, 190 Seiten mit 69 Abbildungen — 63 – DM

T3 **Montage Handhabung Industrieroboter**
Internationaler MHI-Kongreß im Rahmen der Hannover-Messe '85 ISBN 3-540-15500-7
1985, 267 Seiten mit zahlreichen Abbildungen — 128 – DM

85 **Flexible Montagesysteme – Konzeption und Feinplanung durch Kombination von Elementen**
Von Peter Konold / Bernd Weller ISBN 3-540-15606-2
1985, 162 Seiten mit 71 Abbildungen und 9 Tabellen — 63 – DM

T4 **Menschen Arbeit Neue Technologien**
4 IAO-Arbeitstagung zusammen mit der 2 Internationalen Konferenz „Human Factors in Manufacturing" ISBN 3-540-15763-8
1985, 442 Seiten mit zahlreichen Abbildungen — 168 – DM

86 **Leitstandunterstützte kurzfristige Fertigungssteuerung bei Einzel- und Kleinserienfertigung**
Von Lothar Aldinger ISBN 3-540-15903-7
1985, 151 Seiten mit 49 Abbildungen und 2 Tabellen — 63,– DM

87 **Bestimmen des Bürstenverhaltens anhand einer Einzelborste**
Von Klaus Przyklenk ISBN 3-540-15956-8
1985, 117 Seiten mit 74 Abbildungen — 63 – DM

88 **Montage großvolumiger Produkte mit Industrierobotern**
Von Jorg Walther ISBN 3-540-16027-2
1985, 125 Seiten mit 58 Abbildungen — 63 – DM

89 **Algorithmen und Verfahren zur Erstellung innerbetrieblicher Anordnungsplane**
Von Wilhelm Dangelmaier ISBN 3-540-16144-9
1986, 268 Seiten mit 79 Abbildungen — 68 – DM

90 **Bewertung der Instandhaltung von Fertigungssystemen in der technischen Investitionsplanung**
Von Hagen U Uetz ISBN 3-540-16166-X
1986, 129 Seiten mit 38 Abbildungen — 68 – DM

91 **Entgraten durch Hochdruckwasserstrahlen**
Von Manfred Schlatter ISBN 3-540-16172-4
1986, 167 Seiten mit 89 Abbildungen und 18 Tabellen — 68,– DM

92 **Werkstückorientierte Verfahrensauswahl zum Gußputzen mit Industrierobotern**
Von Wolfgang Sturz ISBN 3-540-16224-0
1986, 156 Seiten mit 59 Abbildungen — 68,– DM

93 **Verfahren zur Verringerung von Modell-Mix-Verlusten in Fließmontagen**
Von Reinhard Koether ISBN 3-540-16499-5
1986, 175 Seiten mit 46 Abbildungen und 1 Tabelle — 68 – DM

94 **Entwicklung und Einsatz eines interaktiven Verfahrens zur Leistungsabstimmung von Montagesystemen**
Von Gunter Schad ISBN 3-540-16978-4
1986, 120 Seiten mit 31 Abbildungen und 1 Tabelle — 68,– DM

95 **Qualifizierung an Industrierobotern**
Von Wolfgang Bachl ISBN 3-540-17018-9.
1986, 218 Seiten mit 30 Abbildungen 68,– DM

96 **Rechnersimulation des Beschichtungsprozesses beim Elektrotauchlackieren – Anwendung zum Berechnen des Umgriffs**
Von Otto Baumgartner ISBN 3-540-17102-9
1986, 113 Seiten mit 42 Abbildungen 68,– DM

97 **Ergonomische Gestaltung von Rotationsstellteilen für grob- und sensomotorische Tätigkeiten**
Von Werner F Muntzinger ISBN 3-540-17247-5
1986, 135 Seiten mit 51 Abbildungen und 33 Tabellen 68,– DM

98 **Die optische Rauheitsmessung in der Qualitätstechnik**
Von R-J Ahlers ISBN 3-540-17242-4
1986, 133 Seiten mit 56 Abbildungen und 2 Tabellen 68,– DM

99 **Maschinelle Spracherkennung zur Verbesserung der Mensch-Maschine-Schnittstelle**
Von Gerhard Rigoll ISBN 3-540-17350-1
1986, 134 Seiten mit 55 Abbildungen 68,– DM

100 **Konzeption und Auswahl modularer Magazinpaletten**
Von Thomas Zipse ISBN 3-540-17584-9
1987, 126 Seiten mit 54 Abbildungen 68,– DM

101 **Anschlüsse an Kupferrohre – Herstellung und Automatisierungsmöglichkeit**
Von Eberhard Rauschnabel. ISBN 3-540-17807-4
1987, 120 Seiten mit 88 Abbildungen 68,– DM

102 **Mengen- und ablauforientierte Kapazitätsplanung von Montagesystemen**
Von Hans Sauer ISBN 3-540-17815-5
1987, 156 Seiten mit 64 Abbildungen 68,– DM

103 **Verfahrensinstrumentarium zur Werkstückauswahl und Auslegung von Industrieroboterschweißsystemen**
Von Herbert Gzik ISBN 3-540-17928-3
1987, 138 Seiten mit 56 Abbildungen 68,– DM

104 **Integration von Förder- und Handhabungseinrichtungen**
Von Joachim Schuler ISBN 3-540-17955-0
1987, 153 Seiten mit 61 Abbildungen 68,– DM

105 **Produktionsmengen- und -terminplanung bei mehrstufiger Linienfertigung**
Von H Kuhnle ISBN 3-540-18038-9
1987, 124 Seiten mit 25 Abbildungen 68,– DM

106 **Untersuchung des Plasmaschneidens zum Gußputzen mit Industrierobotern**
Von Jong-Oh Park ISBN 3-540-18037-0
1987, 142 Seiten mit 70 Abbildungen 68,– DM

107 **Fügen von biegeschlaffen Steckkontakten mit Industrierobotern**
Von Daegab Gweon ISBN 3-540-18134-2
1987, 115 Seiten mit 13 Abbildungen 68,– DM

108 **Entwicklung eines biomechanischen Modells des Hand-Arm-Systems**
Von Georgios Tsotsis ISBN 3-540-18135-0
1987, 163 Seiten mit 45 Abbildungen 68,– DM

109 **Ein Beitrag zur Planungssystematik für die automatisierte flexible Blechteilefertigung**
Von Thomas Weber ISBN 3-540-18136-9
1987, 149 Seiten mit 56 Abbildungen 68,– DM

110 **Entwicklung eines Meßverfahrens zur Bestimmung des Positionier- und Orientierungsverhaltens von Industrierobotern**
Von Gunter Schiele ISBN 3-540-18137-7
1987, 116 Seiten mit 48 Abbildungen 68,– DM

111 **Schwingungsbelastung beim Arbeiten mit handgeführten, einachsigen Motormähgeräten**
Von Peter Kern ISBN 3-540-18193-8
1987, 145 Seiten mit 43 Abbildungen und 5 Tabellen 68,– DM

112 **Entwicklung eines berührungslosen Tastsystems für den Einsatz an Koordinatenmeßgeräten**
Von Hie-Sik Kim ISBN 3-540-18578-X
1987, 111 Seiten mit 62 Abbildungen und 4 Tabellen 68,– DM

113 **Qualifizierung an Industrierobotern – Ziele, Inhalte und Methoden**
Von Volker Korndorfer ISBN 3-540-18618-2
1987, 318 Seiten mit 100 Abbildungen 68,– DM

114 **Funktional und räumlich variables und modulares Laborgerätesystem**
Von Alfred Mack ISBN 3-540-18786-3
1988, 116 Seiten mit 39 Abbildungen 73,– DM

115 **Produktrecycling im Maschinenbau**
Von Rolf Steinhilper ISBN 3-540-18849-5
1988, 167 Seiten mit 50 Abbildungen 73,– DM

116 **Integration der montagegerechten Produktgestaltung in den Konstruktionsprozeß**
Von Rudolf Baßler ISBN 3-540-19058-9
1988, 133 Seiten mit 49 Abbildungen 73,– DM

117 **Ein Algorithmus zur kapazitätsorientierten Bildung von Losen**
Von Tilmann Greiner ISBN 3-540-19300-6
1988, 135 Seiten mit 37 Abbildungen 73,– DM

118 **Kabelbaummontage mit Industrierobotern**
Von Gerd Schlaich ISBN 3-540-19301-4
1988, 131 Seiten mit 62 Abbildungen 73,– DM

119 **Beitrag zur Verbesserung der Fertigungskostentransparenz bei Großserienfertigung mit Produktvielfalt**
Von Albrecht Köhler ISBN 3-540-19393-6
1988, 148 Seiten mit 72 Abbildungen 73,– DM

120 **Entwicklungs- und Planungshilfen zum Aufbau von flexiblen Ordnungssystemen**
Von Rainer Schanz ISBN 3-540-19394-4
1988, 104 Seiten mit 48 Abbildungen 73,– DM

121 **Bestücken von Leiterplatten mit Industrierobotern**
Von Ernst Wolf ISBN 3-540-50013-8
1988, 132 Seiten mit 63 Abbildungen 73,– DM

122 **Verschleißvorgänge beim Querschneiden dünner Bahnen**
Von Thomas Hulsmann ISBN 3-540-50049-9
1988, 126 Seiten mit 47 Abbildungen und 5 Tabellen 73,– DM

123 **Geometrieprüfung in der Fertigungsmeßtechnik mit bildverarbeitenden Systemen**
Von Claus P Keferstein ISBN 3-540-50050-2
1988, 128 Seiten mit 53 Abbildungen 73,– DM

124 **Modulares Simulationsmodell für die Abläufe in verketteten Fertigungszellen mit Industrierobotern**
Von Kum-Hoan Kuk ISBN 3-540-50069-3
1988, 130 Seiten mit 57 Abbildungen 73,– DM

125 **Montage von Schläuchen mit Industrierobotern**
Von Bruno Frankenhauser ISBN 3-540-50072-3
1988, 139 Seiten mit 63 Abbildungen 73,– DM

126 **Kommissioniersystem mit Roboter und Mehrstückgreifer**
Von Klaus Baumeister. ISBN 3-540-50133-9
1988, 104 Seiten mit 53 Abbildungen 73,– DM

127 **Sensorunterstütztes Programmierverfahren für das Entgraten mit Industrierobotern**
Von Dieter Boley ISBN 3-540-50175-4
1988, 128 Seiten mit 67 Abbildungen 73,– DM

128 **Die Arbeitsraumgestaltung manueller Montagearbeitsplätze mit graphischen und wissensbasierten Methoden**
Von Klaus Lay ISBN 3-540-50259-9
1988, 129 Seiten mit 50 Abbildungen und 7 Tabellen 73,– DM

129 **Automatisierung des Biegerichtens**
Von Stefan Thiel ISBN 3-540-50432-X
1988, 142 Seiten mit 57 Abbildungen und 5 Tabellen. 73,– DM

130 **Rechnergestützte Verfahren zur Auslegung der Mechanik von Industrierobotern**
Von Martin-Christoph Wanner ISBN 3-540-50640-3
1989, 202 Seiten mit 80 Abbildungen 73,– DM

131 **Entwicklung eines bestandsorientierten Fertigungssteuerungssystems für die Großserienfertigung am Beispiel des Automobilbaus**
Von G Hachtel ISBN 3-540-50639-X
1989, 163 Seiten mit 34 Abbildungen und 6 Tabellen 73,– DM

132 **Ergonomische Gestaltung der Benutzerschnittstelle am Antriebssystem des Greifreifenrollstuhls**
Von Ludwig Traut ISBN 3-540-50877-5
1989, 210 Seiten mit 127 Abbildungen 73,– DM

133 **Planung taktzeitoptimierter flexibler Montagestationen**
Von Joachim Schöninger ISBN 3-540-50896-1
1989, 122 Seiten mit 47 Abbildungen 73,– DM

134 **Ein Modell für ein integriertes Qualitäts- und Prüfplanungssystem in der Montage**
Von Josef R Kring ISBN 3-540-51195-4
1989, 140 Seiten mit 60 Abbildungen 73,– DM

135 **Fertigungsstrukturierung auf der Basis von Teilefamilien**
Von Manfred Auch ISBN 3-540-51290-X
1989, 138 Seiten mit 34 Abbildungen 73,– DM

136 **Kollisionsbehandlung als Grundbaustein eines modularen Industrieroboter-Off-line-Programmiersystems**
Von Andreas Altenhein ISBN 3-540-51418-X
1989, 129 Seiten mit 53 Abbildungen 73,– DM

137 **Ein Beitrag zur Planung und Bewertung Neuer Arbeitsstrukturen in NE-Metallgießereien Dargestellt am Beispiel der Fertigungsinsel**
Von Horst Nespeta ISBN 3-540-51419-8
1989, 157 Seiten mit 58 Abbildungen 73,– DM

138 **Verfahren zur Prüfung der Partikelkontamination in Versorgungssystemen für hochreine Flüssigkeiten**
Von Rolf Herz ISBN 3-540-51457-0
1989, 123 Seiten mit 61 Abbildungen 73,– DM

139 **Messung gekrümmter Flächen mit berührungslosen Verfahren**
Von Leo Schreiber ISBN 3-540-51493-7
1989, 119 Seiten mit 72 Abbildungen 73,– DM

140 **Automatisiertes Lackieren mit steuerbaren Spritzpistolen**
Von Konrad A Ortlieb ISBN 3-540-51518-6
1989, 121 Seiten mit 45 Abbildungen 73,– DM

141 **Grundlagen zur Entwicklung reinraumtauglicher Handhabungssysteme**
Von Jürgen Geißinger. ISBN 3-540-51959-9
1989, 124 Seiten mit 82 Abbildungen 73,– DM

142 **CAD-Video-Somatographie**
Entwicklung und Bewertung einer Methode zur anthropometrischen Arbeitsgestaltung
Von Dieter Lorenz. ISBN 3-540-52163-1
1989, 169 Seiten mit 61 Abbildungen 73,– DM

143 **Eine Systemarchitektur für die Gestaltung und das Management verteilter Informationssysteme**
Von Andreas J Ness. ISBN 3-540-52224-7
1990, 203 Seiten mit 62 Abbildungen 78,– DM

144 **Untersuchungen über den optisch-physiologischen Eindruck der Oberflächenstruktur von Lackfilmen**
Von Horst Schene ISBN 3-540-52226-3
1990, 149 Seiten mit 106 Abbildungen 78,– DM

145 **Planungsmethodik für ein Qualitätskostensystem**
Von Alfred Rauba ISBN 3-540-52477-0.
1990, 166 Seiten mit 73 Abbildungen 78,– DM

146 **Kleinserienbestückung von Leiterplatten mit bedrahteten Bauelementen durch Industrieroboter**
Von Martin Domm ISBN 3-540-52867-9
1990, 106 Seiten mit 48 Abbildungen 78,– DM

147 **Sensor- und Steuerungssystem für die leitlinienlose Führung automatischer Flurförderzeuge**
Von Gerhard Drunk ISBN 3-540-53033-9
1990, 135 Seiten mit 52 Abbildungen 78,– DM